实验化学教程

尹立辉　石　军　主编

南开大学出版社
天　津

图书在版编目(CIP)数据

实验化学教程 /尹立辉，石军主编. —天津：南开大学出版社，2014.6 (2025.6 重印)
ISBN 978-7-310-04480-1

Ⅰ. ①实… Ⅱ. ①尹… ②石… Ⅲ. ①化学实验－高等学校－教材 Ⅳ. ①06－3

中国版本图书馆 CIP 数据核字(2014)第 094950 号

实验化学教程
SHIYAN HUAXUE JIAOCHENG

南开大学出版社出版发行
出版人:王 康
地址:天津市南开区卫津路 94 号 邮政编码:300071
营销部电话:(022)23508339 营销部传真:(022)23508542
https://nkup.nankai.edu.cn

天津午阳印刷股份有限公司印刷 全国各地新华书店经销
2014 年 6 月第 1 版 2025 年 6 月第 12 次印刷
260×185 毫米 16 开本 12 印张 296 千字
定价:28.00 元

内容简介

本书按照我国《高等教育面向 21 世纪教育内容和课程体系改革计划》的基本要求，结合学生的实际学习情况编写而成。全书共由 12 个部分组成：结论，实验化学基础知识，物理、化学常数测定，物质的分离、提取与提纯，定量分析，合成与制备，物质的化学性质，物理化学实验，自行设计实验，有机化合物常见官能团的鉴定方法，附录及参考文献。书中对实验的重点和难点有较详尽的讲解，实验后一般附有思考题，以便加深学生对实验的理解与掌握。

本书供农、林、水、医高等院校和其他相关学科各专业本科生使用，既可以作为学生实验的指导教材，也可以作为教师实验教学和农林科技工作者的参考用书。

前　言

本书按照我国《高等教育面向21世纪教育内容和课程体系改革计划》的基本要求，结合学生的实际学习情况编写而成。参编教师具有多年的教学经验，同时借鉴了国内同类教材的优点，使本书力求内容翔实、重点突出、实验难点解析清楚、针对性和指导性强。本书既可以作为学生实验的指导教材，也可以作为教师实验教学的参考用书。

化学是一门以实验为基础的学科，许多化学理论和规律是对大量实验资料进行分析、概括、综合、总结而成的。实验又为理论的完善和发展提供了依据。实验化学是非化学专业的学生学习化学课程必修的一门基础实验课。通过实验学习化学的基本理论与常见化合物的重要性质和反应规律，训练基本实验操作技能，培养大学生良好的实验素质。

通过实验化学的学习，可以达到以下目的：

1. 使学生通过实验获得感性知识，巩固和加深对化学基本理论、基础知识的理解，进一步掌握常见化合物的重要性质和反应规律，了解化合物的一般提纯和制备方法。

2. 对学生进行严格的化学实验基本操作和基本技能的训练，学会使用一些常用仪器。

3. 培养学生独立进行实验、组织与设计实验的能力。例如，细致观察与记录实验现象的能力，正确测定与处理实验数据的能力，正确阐述实验结果的能力等。

4. 培养学生严谨的科学态度和良好的实验作风，为学生学习后续课程、参与实际工作和进行科学研究打下良好的基础。

参加本书编写的教师来自天津农学院基础科学系，分别是（按章节顺序）：石军（绪论、4.6、4.7、4.12、4.13、4.14、4.16、第8章），姜云鹏（第1章），赵鹏英（2.1、2.3、3.2），许艳玲（2.2、3.3、5.2），闫宗兰（2.4、7.8、7.9、7.10），潘虹（2.5、3.6、4.15），王湛（2.6、6.2、6.3），卜路霞（2.7、3.5、4.5），刘萍（3.1、4.1、6.1），尹立辉（3.4、3.7、3.8、4.2、5.3、5.4、5.5、5.7、6.4、第9章、附录），黄志强（3.9、5.1），李萍（4.3、5.13、5.14），明媚（4.4、4.8、4.11、5.8），徐晓萍（4.9、4.10、5.6），于丰洋（5.9、5.10、5.11、5.12），朱华铃（7.1、7.2、7.3），尉震（7.4、7.5、7.6、7.7）。本教材由尹立辉、石军主编，由尹立辉最后定稿。

本书在编写过程中参阅了大量实验教教材，在此对相关书籍的作者表示感谢。本书在编写时得到相关领导和部门以及南开大学出版社的大力支持，在此一并表示感谢。天津农学院教材科对本书的出版做了大量的组织和协调工作，我们表示衷心的感谢。

由于编者水平有限，书中错误和不妥之处在所难免，恳请广大读者批评指正。

编　者

2014年3月于天津

目　录

绪 论

一、实验化学课的目的和要求

化学是一门以实验为基础的自然科学，许多化学理论与规律都源自实验，同时又被实验所验证。对一个科学工作者而言，实验技术是十分重要的。化学实验课是传授知识和技能、训练科学思维和方法、培养科学精神和职业道德、实施全面化学素质教育的最有效的形式之一。在化学学科的学习中，实验占有极其重要的地位。实验化学课是相关专业学生所学的一门基础课或专业基础课，以介绍化学实验的原理、实验方法、实验手段等实验操作技术为其主要内容。它是一门独立设置的课程，但又和化学理论课有紧密的联系。本实验课程包括基础化学中的重要原理、无机化合物的制备与提纯、分析鉴定和元素及化合物的性质等化学实验。通过实验教学过程，我们希望达到以下目的：

（1）通过仔细观察实验现象，直接获得化学感性知识，巩固和扩大理论课中所获得的知识，为理论联系实际提供具体的条件。

（2）通过严格的实验训练，熟练掌握实验操作的基本技术，正确使用化学实验中的各种常见仪器。

（3）加深对基础化学理论的理解，确立正确的“量”的概念，了解并掌握影响实验结果的关键环节，掌握实验数据的处理方法。

（4）培养严谨、严肃、严密的科学态度和良好的实验素养，提高学生以化学实验为工具获取新的知识以及独立思考、分析问题、解决问题的能力。

（5）逐步掌握科学研究的方法，养成良好的学习习惯和实验习惯，使学生具有一定的收集和处理化学信息以及用文字表达实验结果的能力，为学习后续课程及将来的科研和生产打好基础。

为达到上述的教学目的，我们提出如下的具体要求：

（1）认真预习。每次实验前必须明确实验目的和要求，了解实验步骤和注意事项，写好预习报告，做到心中有数。

（2）仔细实验、如实记录、积极思考。实验过程中，认真独立完成实验，认真地学习有关的基本操作技术，在教师的指导下正确使用仪器，严格按照规范进行操作。细心观察实验现象，及时将实验条件和现象以及分析测试的原始数据记录在实验记录本上，不得随意涂改；同时要勤于思考分析问题，培养良好的实验习惯和科学作风。

（3）认真及时写好实验报告。完成实验报告是对所学知识进行归纳和提高的过程，也是培养严谨的科学态度、实事求是精神的重要措施。实验报告要求书写整洁、结论明确、文字简练。

（4）严格遵守实验室规则，注意安全。保持实验室内安静、整洁。实验台面保持清洁，仪器和试剂按照规定摆放整齐有序。爱护实验仪器设备，实验中如发现仪器工作不正常，应及时报告教师处理。实验中要注意节约。安全使用电、水和有毒或腐蚀性的试剂。每次实验结束后，应将所用的试剂及仪器复原，清洗好用过的器皿，整理好实验室。

二、实验化学的学习方法

要达到实验化学课的目的和要求，不仅要有正确的学习态度，还要有正确的学习方法。实验化学的学习方法，大致可从预习、实验、实验报告三个方面来掌握。

1. 预习

实验课要求学生既要动手做实验，又要动脑筋思考问题，因此实验前必须做好预习。实验前充分预习是做好实验的前提，只有对实验的各步骤心中有数，才能使实验顺利进行，达到预期的效果。预习的内容包括：

（1）阅读实验教材和教科书中的有关内容，必要时参阅有关资料。

（2）明确实验目的和要求，透彻理解实验的基本原理。

（3）明确实验内容、操作过程和实验时应当注意的事项。

（4）认真思考实验前应准备的问题，并能从理论上加以解决。

（5）查阅有关教材、参考书、手册，获得该实验所需的有关化学反应方程式、常数等。

（6）通过自己对本实验的理解，在记录本上简要地写好实验预习报告，其中实验步骤尽可能用方框图、箭头等简明表示。写出预习笔记，实验前未进行预习者不准进行实验。

2. 实验

实验是培养独立工作和思维能力的重要环节，必须认真、独立地完成。根据实验教材上所规定的方法、步骤、试剂用量和实验操作规程进行操作，并应该做到下列几点：

（1）认真操作，细心观察。对每一步操作的目的、作用以及可能出现的问题进行认真的探究，并把观察到的现象、实验数据及时、如实地详细记录下来，不得涂改，也不得记录在纸片上。

（2）深入思考。如果发现观察到的实验现象与理论不相符，先要尊重实验事实，然后加以分析，认真检查其原因，并细心地重做实验。必要时可做对照实验、空白实验或自行设计实验来核对，直到从中得出正确的结论。

（3）实验中遇到疑难问题和异常现象而自己难以解释时，可请实验指导老师解答。

（4）实验过程中要勤于思考，注意培养自己严谨的科学态度和实事求是的科学作风，决不能弄虚作假，随意修改数据。若定量实验失败或产生的误差较大，应努力寻找原因，并经实验指导老师同意，重做实验。

（5）在实验过程中应保持严谨的态度，严格遵守实验室规则。实验后做好结束工作，包括清洗、整理好仪器、药品，清理实验台面，清扫实验室，检查电源开关，关好门窗。

3. 实验报告

实验报告是实验的总结，是把感性认识上升到理性认识的重要环节，是培养学生分析、归纳、总结、写作能力的重要环节。实验报告也可反映出每个学生的实验水平，是实验评分的重要依据，实验者必须严肃、认真、如实地写好实验报告。实验报告要求字迹端正、整齐清洁、语句通顺、格式统一。

实验报告一般应包括以下内容：

（1）实验名称，日期，当时环境温度，实验者姓名及班级、学号，指导教师姓名。

（2）实验目的。

（3）实验原理。要求简明扼要，尽量用化学语言表达。

（4）实验步骤。通过简图、表格、化学反应方程式、符号等简洁明了地表示。

（5）实验现象和数据记录。表达要正确，数据记录要完整。绝对不允许主观臆造或抄袭他人的数据。根据实验现象进行数据整理、归纳、计算。

（6）结果讨论与分析。对实验进行小结，包括对实验现象与结果的分析讨论。也可对实验的整体设计提出自己的意见和建议，实验中的一切现象（包括异常现象）都应进行讨论，定量实验应分析实验误差产生的原因。对实验方法、教学方法和实验内容等提出意见或建议。

（7）思考题的解答。针对实验中遇到的疑难问题，提出自己的见解或体会；也可以对实验方法、检测手段、合成路线、实验内容等提出自己的意见，从而训练创新思维和创新能力。

第1章　实验化学基础知识

1.1　实验室规则

实验室规则是人们从长期实验室工作中归纳总结出来的，它是防止意外事故保证正常实验的良好环境、工作秩序和做好实验的重要前提。实验室规则如下：

（1）实验前必须认真预习，明确实验目的要求，了解实验内容、方法和基本原理，写出预习报告。对于设计性实验，实验者课前必须查阅资料，根据实验要求设计详细的实验方案，并经指导教师批阅同意后方可进行实验。提前10分钟进入实验室，熟悉实验室环境、布置和各种设施的位置，做好实验准备，在指定位置进行实验。

（2）进入实验室必须穿着实验服，实验时遵守纪律，保持肃静，思想集中，认真操作。

（3）实验过程中要仔细观察各种现象并详细记录，认真思考问题。

（4）实验中注意保持实验台面的清洁和整齐，每次实验完毕应立即将仪器洗干净放入柜中，实验药品按序排列，做好实验室清洁卫生工作。

（5）废物、废液、滤纸条、破玻璃等分别放入废液缸和废物桶内。严禁放入水槽，以防水槽腐蚀和淤塞。

（6）不得滥用、浪费水、电和化学药品。

（7）爱护实验室内的设备，公用仪器实验后，洗、擦干净并放回原处。

（8）实验不得无故缺席，实验不符要求的需要重做。

（9）实验过程中如有仪器破损，应填好仪器破损单，经指导教师签注意见后向仪器保管室换取。

（10）实验结束时，必须提交实验原始数据，实验课后应根据原始记录并联系理论知识，认真地分析问题，处理有关数据，做好实验报告并及时提交实验报告。

1.2　实验室安全

一、实验室安全操作守则

（1）试剂药品瓶要有标签。剧毒药品必须与一般药品分开，设专柜并加锁，同时必须制订保管、使用制度，专人管理，严格遵守。

（2）严禁试剂入口，用移液管吸取样品时应用橡皮球操作。如须以鼻鉴别试剂时，应将试剂瓶远离鼻子，以手轻轻煽动稍闻其味，严禁以鼻子接近瓶口。

（3）实验室内禁止吸烟、进食，严禁食具和仪器互相代用。离开实验室时要仔细洗手、洗脸和漱口，脱去工作服。

（4）对于某些有毒的气体，必须在通风橱内进行操作处理。头部应该在通风橱外面，否则可能引起危害健康的人身事故。

（5）中毒时必须及时急救。如果是由于吸入毒性气体、蒸气，那么应立即把中毒者移到新鲜空气中；如果中毒是由于吞入毒物，那么最有效的办法是借呕吐以排除胃中的毒物，并必须立即送医疗部门处理，救护得愈早，恢复健康也愈快。

（6）挥发性有机药品应存放在通风良好的处所、冰箱或铁柜内。易燃药品如汽油、乙醚、二硫化碳、苯、酒精及其他低沸点物质不可放在煤气灯、电炉或其他火源的附近。

（7）开启易挥发的试剂瓶时，不可使瓶口对着自己或他人的脸部。在室温高的情况下打开密封的装有易挥发试剂的瓶子时，最好先把试剂瓶在冷水里浸一段时间。

（8）实验过程中对于易挥发及易燃性有机溶剂的加热应在水浴锅或严密的电热板上慢慢地进行，严禁用火焰或电炉直接加热。

（9）身上或手上沾有易燃物时，应立即清洗干净，不得靠近灯火，以防着火。高温物体（如灼热的坩埚、磁舟等）要放在不易起火的安全地方。

（10）严禁氧化剂与可燃物一起研磨。

二、化学试剂的安全保管

化学试剂保管时也要注意安全，要防火、防水、防挥发、防曝光和防变质，根据试剂的毒性、易燃性、腐蚀性和潮解性等的特点，在保存化学试剂时应采用不同的保管方法：

（1）一般单质和无机盐类的固体。应放在试剂柜内，无机试剂要与有机试剂分开存放。危险性试剂应严格管理，必须分类隔开放置，不能混放在一起。

（2）易燃液体。实验中常用的苯、乙醇、乙醚和丙酮等有机溶剂，极易挥发成气体，遇明火即燃烧，应单独存放在阴凉通风、远离火源的地方。

（3）易燃固体。无机物中的硫磺、红磷、镁粉和铝粉等着火点都很低，也应注意单独存放。存放处应通风、干燥。白磷在空气中可自燃，应保存在水里，并放于避光阴凉处。

（4）遇水燃烧的物品。金属锂、钠、钾，电石和锌粉等，可与水剧烈反应放出可燃性气体。锂要用石蜡密封，钠和钾应保存在煤油中，电石和锌粉等应放在干燥处。

（5）强氧化剂。氯酸钾、硝酸盐、过氧化物、高锰酸盐和重铬酸盐等都具有强氧化性，当受热、撞击或混入还原性物质时，就可能引起爆炸。保存这类物质，应严防与还原性物质混放。

（6）见光分解的试剂。如硝酸银、高锰酸钾等应存于棕色瓶中，并放在阴暗避光处。

（7）与空气接触易氧化的试剂。如氯化亚锡、硫酸亚铁等，应密封保存。

（8）容易侵蚀玻璃的试剂。如氢氟酸、含氟盐、氢氧化钠等应保存在塑料瓶内。

（9）剧毒试剂。如氰化钾、三氧化二砷（砒霜）应妥善保管，取用时要严格做好记录，以免发生事故。

三、化学灼烧、烫伤、扎伤的预防

（1）取用腐蚀类刺激性药品，如强酸、强碱、浓氨水、三氯化磷、氯化氧磷、浓过氧化氢、氢氟酸、冰醋酸等，尽可能戴上橡皮手套和防护眼镜等。腐蚀性物品不得在烘箱内烘烤。

（2）稀释硫酸时必须在烧杯等耐热容器内进行，而且必须在不断搅拌下，仔细缓慢地将浓硫酸加入水中，而绝对不能将水加注到硫酸中去。在溶解氢氧化钠、氢氧化钾等发热物时，也必须在耐热容器内进行。如需将浓酸或浓碱中和，则必须先行稀释。

（3）取下正在沸腾的水或溶液时，必须先用烧杯夹子夹上摇动后才能取下使用，以防使用时突然沸腾溅出伤人。

（4）往玻璃管上套橡皮管时，必须正确选择它的直径，不要使用薄壁的玻璃管，且须将管端烧圆滑后再插入。最好用水或甘油浸湿橡皮管的内部，并用布裹手，以防玻璃管破碎时扎伤手部。把玻璃管插入塞内时，必须握住塞子的侧面，不要把它握在手掌上。

（5）装配或拆卸仪器时，要防备玻璃管和其他部分的损坏，以避免受到严重的伤害。

（6）实验室应置备足够数量的安全用具，如沙箱、灭火器、冲洗龙头、洗眼器、护目镜、屏障、防护衣和防毒面具等，每个工作人员都应知道其放置位置和安全使用方法。

（7）熟悉实验室水阀和电闸的位置，以便必要时关闭。

（8）实验室工作结束后，应当进行安全检查，离开实验室时要关闭一切电源、热源、水源和门窗。

四、电器设备的安全使用

通常实验室供交流电电压为220 V。人体通过50 Hz的交流电1 mA就有麻电的感觉，10 mA以上使肌肉强烈收缩，25 mA以上则呼吸困难，甚至窒息，100 mA以上则使心脏发生纤维性颤动，乃至无法抢救而死亡。对于直流电，在通过同样电流时，对人体也有相似的危害。为防止触电必须注意：

（1）操作电器时，手必须干燥。因为手潮湿时，电阻显著减小，容易引起触电。不得直接接触绝缘不好的通电设备。

（2）一切电源裸露部分都应有绝缘装置（电开关应有绝缘匣，电线接头裹以胶布、胶管），所有电器设备的金属外壳应接上地线。

（3）已损坏的接头或绝缘不良的电线应及时更换。

（4）修理或安装电器设备时，必须先切断电源。

（5）不能用测电笔去试高压电（250 V以上）。

（6）如果遇到有人触电，应首先切断电源，然后进行抢救。因此，应当了解实验室电源总闸所在的位置。必须定期检查实验室的电器设备的使用情况，定期更换导线。过旧的导线不可使用。工作结束后，应拉开室内总电闸。

五、防火与灭火

（1）实验室常备适用于各种情况的灭火材料包括消火砂、石棉布、毯子、各类灭火器。

消火砂要经常保持干净，且不可有水浸入。

（2）实验过程中起火时，应先立即用湿抹布或石棉布熄灭灯火并拔去电炉插头，关闭煤气阀、总电门。特别是易燃液体和固体（有机物）着火时，不能用水去浇。因此，除了小范围可用湿抹布覆盖外，要立即用消火砂、灭火器来扑灭。活泼金属（如金属镁）着火，不能用水、CO_2灭火器灭火。

（3）电线着火时须关闭总电门，立即切断电流，再用1211灭火器熄灭已燃烧的电线并及时通知值班电器装配工人。

（4）衣服着火时应立即以毯子之类蒙盖在着火者身上以熄灭燃烧着的衣服，不可跑动，否则会使火焰加大。

（5）实验室备用的灭火器须按时检查并调换药液。临使用前须检查喷嘴是否畅通，如果有阻塞应疏通后再使用，以免造成爆炸事故。

1.3　常用器皿及用具

一、常用玻璃仪器简介

玻璃仪器具有良好的化学稳定性，并且透明，便于观察反应现象，所以在化学实验中大量使用玻璃仪器。玻璃分软质和硬质两种。从断面看，颜色偏绿色的为软质玻璃，软质玻璃透明度好，但硬度、抗腐蚀性和耐热性差，所以一般用于非加热仪器，如量筒、试剂瓶等。硬质玻璃的耐热性、抗腐蚀性和耐冲击性都较好，常用的烧杯、试管、烧瓶等都是硬质玻璃制成的。化学实验中常用玻璃仪器见表1-1所示。

表1－1　化学实验中常用玻璃仪器

仪器名称	规格、用途	使用注意事项
（a）（b） 试管	规格： 用管口直径（mm）×管长（mm）表示，分为普通试管（a）和离心试管（b） 用途： 1. 反应容器，用药量较少，便于操作，反应现象易于观察 2. 离心试管用于少量沉淀的分离	1. 反应液体的体积不应超过试管容积的1/2，加热时不超过试管容积的1/3 2. 硬质试管可以加热至高温，但不可骤冷，以免破裂 3. 加热时，应使试管下半部均匀受热，试管口不可对人 4. 离心试管不可加热
烧杯	规格： 以容积（mL）表示 用途： 1. 反应容器，用药量可多些，便于操作，易混合均匀，反应现象易于观察 2. 配置溶液时用	1. 反应液体的体积不应超过烧杯容积的2/3 2. 烧杯可以加热至高温，加热时必须放在石棉网上，不可骤冷骤热，以免破裂

续表

仪器名称	规格、用途	使用注意事项
量筒	规格： 以量度的最大容积（mL）表示 用途： 量取一定体积液体	1. 不能作为反应容器 2. 不可加热，也不能量取热液体 3. 读数时视线与液面保持在同一水平线，读取与液体弯月面最低点相切的刻度线
漏斗	规格： 以直径（cm）表示 用途： 1. 过滤 2. 引导溶液进入小口容器 3. 粗颈漏斗用于转移固体物质	不能用火直接加热
分液漏斗	规格： 以容积（mL）和漏斗形状表示，有球形、梨形、筒形等几种 用途： 用于液体的分离、洗涤和萃取	1. 漏斗口塞子与活塞是配套的，防止滑出打碎。使用前将活塞沫一薄层凡士林，插入转动直至透明 2. 萃取时，振荡初期要多次放气以免漏斗内气压过大 3. 不能加热
恒压滴液漏斗		必须在无水、惰性气体保护下，或者有气体参与的反应使用恒压滴液漏斗
（a） （b） 干燥器	规格： 以内径（cm）表示，分普通干燥器（a）和真空干燥器（b）两种 用途： 用于存放易吸湿的药品，重量分析中用于冷却灼烧过的坩埚等	1. 盖与缸身之间的平面经过磨砂，在磨砂处涂以润滑脂，使之密闭 2. 及时更换干燥剂 3. 灼烧过的物品放入干燥器前温度不能过高
容量瓶	规格： 用容积（mL）表示 用途： 用于配制准确浓度溶液	1. 不能加热 2. 不能代替试剂瓶 3. 用来存放溶液，不能在其中溶解固体 4. 瓶塞与瓶口配套，不能互换

续表

仪器名称	规格、用途	使用注意事项
布氏漏斗	规格： 布氏漏斗为磁质，以直径（cm）大小表示 用途： 与吸滤瓶一起用于减压过滤	1. 不能加热 2. 注意漏斗大小与过滤的固体或沉淀量相适宜
吸滤瓶	规格： 吸滤瓶为玻璃质，以容积（mL）大小表示 用途： 与布氏漏斗一起用于减压过滤	不能加热
酸式　碱式 滴定管	规格： 滴定管容量规格有 5 mL、10 mL、25 mL、50 mL 等多种。滴定管有酸式滴定管和碱式滴定管两种类型。酸式滴定管下端有玻璃磨口的活塞，碱式滴定管下端连接着橡皮管，再接一个尖嘴 用途： 滴定管在定量分析（如中和滴定）中用于准确地放出一定量液体	1. 用滴定管前必须检查滴定管是否漏水，活塞是否转动灵活 2. 量取体积前，必须调节到滴定管管内没有气泡 3. 碱式滴定管不能装与橡胶发生反应的物质 4. 见光易分解的溶液用棕色滴定管滴定
（a）　（b） 冷凝管	规格： 有球形冷凝管（a）、直形冷凝管（b）、空冷凝管几种， 用途： 用于冷却蒸气，常与圆底烧瓶、蒸馏烧瓶等连接使用。使用时下支管与自来水龙头相连，上支管把冷却水放出后导人下水道	1. 球形冷凝管用来回流操作，直形冷凝管、空气冷凝管用于蒸馏操作 2. 冷凝管不能加热
移液管	规格： 移液管容积有 1 mL、2 mL、5 mL、10 mL、25 mL 等多种，按刻度有多刻度管型和单刻度大肚型之分 用途： 移液管中用于准确移取一定体积的溶液	1. 使用时先用少量所移溶液润洗三次 2. 一般移液管残留最后一滴液体不要吹出（完全流出型应吹出）
表面皿	规格： 按直径（mm）大小分类 用途： 用于盖住烧杯	1. 要根据烧杯等的口径选择大小适宜的表面皿 2. 盖烧杯时，应将表面皿的凹面朝上
称量瓶	规格： 按容积（mL）大小分 用途： 用于精确称量试剂，特别适用于称量易吸湿的固体试样	1. 称量试样前，称量瓶必须洗净、烘干 2. 称量固体试样时，必须尽可能盖好称量瓶的瓶盖

二、标准磨口玻璃仪器

在化学实验中，还常用带有标准磨口的玻璃仪器。磨口分内磨口和外磨口两种，均按标准尺寸磨制，常用的规格有 10、14、19、24、29、34 等，这些数字是指磨口最大端的直径，单位为 mm。相同规格的内、外磨口均可紧密连接，不同规格的磨口可以借助相应的标准接头套接。使用磨口仪器，操作方便，便于清洗，既可免去配塞及钻孔等过程，又能避免反应物或产物被塞子玷污，但其缺点是价格较高。常用标准磨口玻璃仪器见图 1-1 所示。

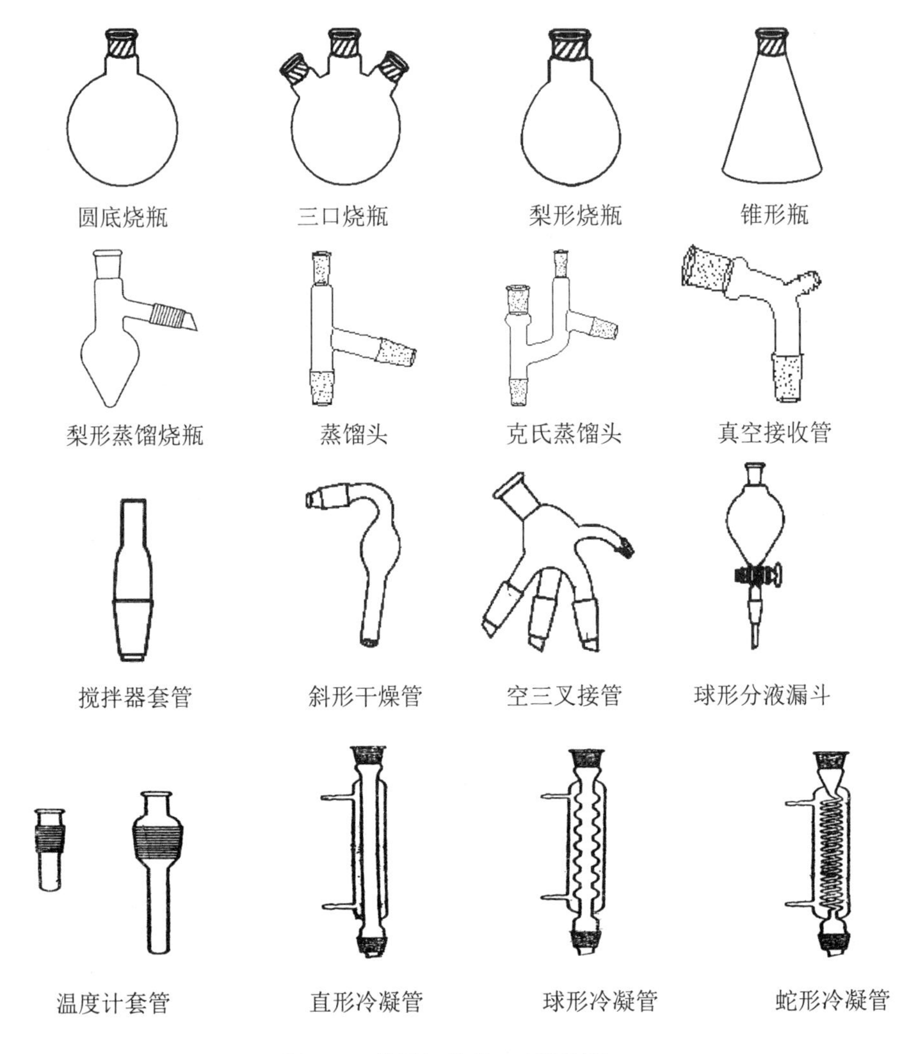

图 1-1　常用标准磨口玻璃仪器

使用磨口玻璃仪器时必须注意：

（1）磨口处必须洁净，若粘有固体杂质，会使磨口对接不严，导致漏气。若固体杂质较硬，还会损坏磨口。

（2）用后立即拆开，否则长期放置，内外磨口粘牢，难于拆开。

（3）除非反应中有强碱，一般使用时不涂润滑剂，以免玷污产物或反应物。

第 2 章　物理、化学常数测定

2.1　熔点的测定

一、实验目的

1. 了解熔点测定的意义。
2. 掌握准确测定熔点的操作方法。

二、实验原理

熔点为固液两态在一定压力下（通常指一个标准大气压）达到动态平衡时的温度。纯净的固体化合物一般都有固定的熔点。晶体棱角开始变圆时的温度为初熔温度，晶体完全消失时的温度为全熔温度，初熔至全熔的温度范围叫熔程。该范围一般不超过 0.5～1℃。如化合物含有杂质，其熔点往往偏低，且熔程较长。所以我们不但可以根据熔点变化和熔程长短来定性地检验物质的纯度，而且还可以利用化合物含有杂质其熔点下降的现象，作为鉴定未知固态化合物的一种方法，即混合熔点测定法。如果测定某种未知物与已知物的熔点相同，则可用混合熔点测定法来检验它们是否为同一种物质。实验时先按不同比例（至少 3 种比例：1:9、1:1、9:1）将二者混合，再测其熔点，若无降低现象，说明二者为同一化合物。若熔点下降，熔程范围显著增大，说明二者不是同一化合物。

三、实验用品

1. 仪器

显微熔点测定仪、载玻片、盖玻片、研钵。

2. 药品

萘、苯甲酸、丙酮。

四、实验步骤

先将载玻片用丙酮洗净，用镜头纸擦干，然后将微量经烘干、研细的样品小心地放在载玻片的中央（不可堆积），并用盖玻片盖住样品，放在仪器的加热台上，并使样品对准加热台中心洞孔，再罩上隔热玻璃，用手柄调节显微镜高度，直至可以清楚地看到晶体外形。通电加热，调节电压旋钮将电压调至 50 V，开始升温时可适当快些，当温度低于样品熔点 10～15℃时，放慢加热速度，调低电压，用微调旋钮控制升温速度不超过 1℃/min。越接近熔点，升温速度应越慢（控制升温速度是准确测定熔点的关键）。

仔细观察样品变化，记录初熔和全熔时的温度。例如一物质在 121℃时棱角开始变圆，在 122℃时晶体完全消失，应记录如下：初熔 121℃，全熔 122℃，熔程 121～122℃。熔点测定，至少要重复测定两次。这两次的温度差应小于±1℃。每一次测定都必须用新样品，不能将已测过熔点的样品冷却结晶后重复使用。如果要测定未知物的熔点，应先对样品粗测一次。加热可以稍快，知道大致的熔点范围后，待加热台冷却至待测样品熔点以下 30℃左右，再取新样品做两次精密的测定。测好熔点停止加热，拿去隔热玻璃，用镊子取去载玻片，把铝散热块放在加热台上加速冷却，以便再次测定用。

五、注意事项

1. 加在载玻片上的样品必须是微量的且不可堆积。
2. 在低于样品熔点 10～15℃时，必须严格控制升温速度不超过 1℃/min。
3. 每一次测定都必须用新样品，不能将已测过熔点的样品冷却结晶后重复使用。

六、思考题

1. 加热的快慢为什么会影响熔点？在什么情况下加热可以快些？在什么情况下加热则要慢些？

2. 是否可以使用第一次测熔点时已经熔化了的有机化合物再做第二次测定呢？为什么？

七、显微熔点测定仪的构造（图 2-1）

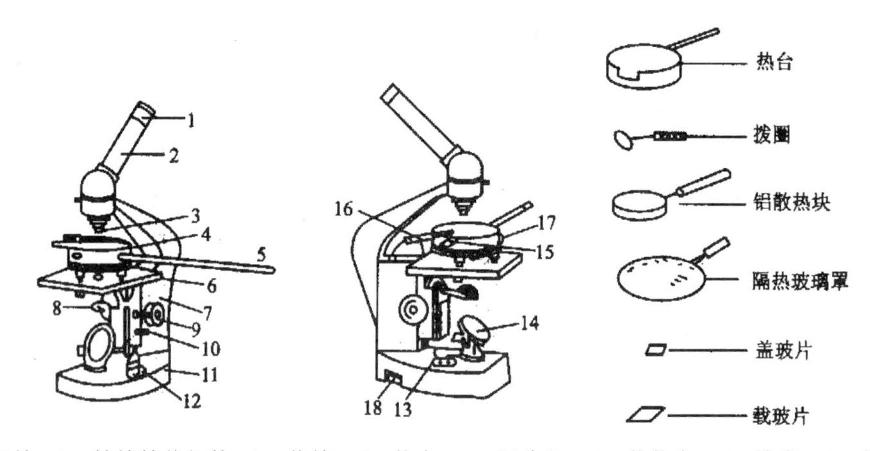

1－目镜；2－棱镜检偏部件；3－物镜；4－热台；5－温度计；6－载热台；7－镜身；8－起偏振件；9－粗动手轮；10－止紧螺钉；11－底座；12－波段开关；13－电位器旋钮；14－反光镜；15－拨圈；16－隔热；17－地线柱；18－电压表

图 2-1　显微熔点测定仪构造

2.2　沸点的测定

一、实验目的

1. 理解沸点的概念及测定沸点的意义。
2. 学习并掌握常量法（即蒸馏法）测定沸点的原理和方法。
3. 学习并掌握蒸馏操作。

二、实验原理

液体的分子由于分子运动，有从表面逸出的倾向，而这种倾向常随温度的升高而增大。如果把液体置于密闭的真空体系中，液体分子连续不断地逸出而在液面上部形成蒸气，最后分子由液相逸出的速度与分子由气相回到液相的速度相等，亦即使蒸气保持一定的压力，此时液面上的蒸气达到饱和，称为饱和蒸气，它所具有的压力称为饱和蒸气压。实验证明，液体的蒸气压只与温度有关，即液体在一定温度下具有一定的蒸气压。这压力是指液体与它的蒸气平衡时的压力，与体系中存在的液体和蒸气的绝对量无关。

当液体化合物受热时，其蒸气压增大，当蒸气压增大到与外界的总压力（通常是大气压）相等时，开始有气泡不断从液体内部逸出，即液体沸腾。这时的温度称为该液体的沸点。液体的沸点与外界压力的大小有关。通常所说的沸点，是指在 101.3 kPa 的压力下（即一个大气压）液体沸腾时的温度，因此在说明液体沸点时应注明压力。

纯净的液体化合物在一定外界压力下都有固定的沸点，其温度变化范围（沸程）极小，通常不超过 0.5～1℃。若液体中含有杂质，则溶剂的蒸气压降低，沸点随之下降，沸程也扩大。沸点是液体化合物的物理常数之一，可以通过测定沸点来初步鉴定有机化合物并判断其纯度。

常量法测定沸点，使用的是蒸馏装置（图 2-2），在操作上也与简单蒸馏相同。

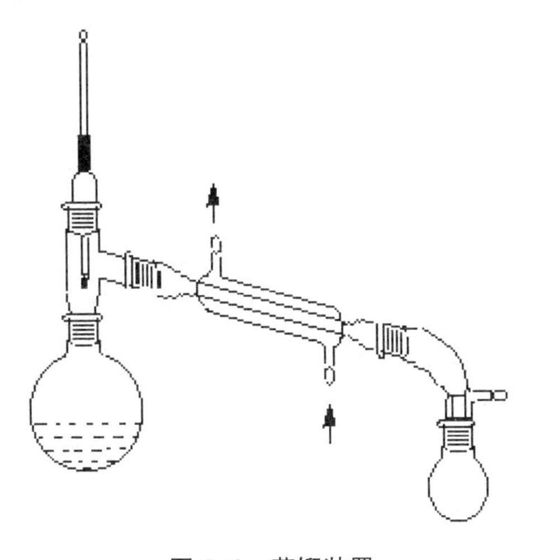

图 2-2　蒸馏装置

三、实验用品

1. 仪器

圆底烧瓶（60 mL）、蒸馏头、温度计套管、温度计、直形冷凝管、尾接管、锥形瓶、电热套、沸石、量筒。

2. 药品

乙酸乙酯。

四、实验步骤

1. 加料：将待蒸的乙酸乙酯 30 mL 小心倒入 60 mL 的圆底烧瓶中，加入 1～2 粒沸石。按照图 2-2 所示将装置安装好，注意温度计的位置。

2. 加热：先接通冷凝水，然后开始加热。通过调节电热套电压控制加热速度，开始加热时可稍快些，当液体沸腾，蒸气环由瓶颈逐渐上升到温度计水银球周围时，温度计读数急剧上升，调节电压，控制馏出液体滴速为 1～2 滴/秒。注意，整个过程中，应保持水银球上有凝结的液滴和蒸气达到平衡，此时温度计读数就是馏出液的沸点。

3. 记录：记录第一滴馏出液滴入锥形瓶时的温度，并收集沸点较低的前馏分。注意观察温度计读数，当读数稳定时的温度即为样品的沸点，用另一锥形瓶收集馏分，记录所收集馏分的沸点范围，一般在 1～2℃。当样品大部分馏出，烧瓶中残留液约 0.5～1 mL 时，应停止蒸馏。即使杂质很少，也不要蒸干，以免蒸馏瓶破裂或发生其他意外事故。等烧瓶冷却，重新加入乙酸乙酯，重复一次实验。

4. 拆除装置：蒸馏完毕，先应撤除热源，当温度降至 40℃左右时停止通水，最后拆除蒸馏装置（与安装顺序相反）。

五、思考题

1. 蒸馏时加入沸石的作用是什么？如果蒸馏前忘记加沸石，能否立即将沸石加至将近沸腾的液体中？当重新蒸馏时，用过的沸石能否继续使用？

2. 如果液体具有恒定的沸点，那么能否认为它是单纯物质？

2.3 醋酸电离度和电离常数的测定

一、实验目的

1. 了解用酸度计法测定醋酸电离度和电离常数的原理，加深对电离度、电离常数和弱电解质电离平衡的理解。

2. 学会正确使用酸度计。

3. 学习容量瓶、酸式滴定管等仪器的基本操作。

二、实验原理

醋酸（CH_3COOH，简写为 HAc）是一元弱酸，在溶液中存在下列电离平衡：

$$HAc\ (aq) + H_2O\ (l) = H_3O^+\ (aq) + Ac^-\ (aq)$$

忽略水的电离，其电离常数：

$$K_a = \frac{[H_3O^+][Ac^-]}{[HAc]} \approx \frac{[H_3O^+]^2}{[HAc]}$$

首先，一元弱酸的浓度是已知的；其次，在一定温度下，通过测定弱酸的 pH 值，由 $pH = -\lg[H_3O^+]$，可计算出其中的$[H_3O^+]$。对于一元弱酸，当 $c/K_a \geqslant 500$ 时，存在下列关系式：

$$\alpha \approx \frac{[H_3O^+]}{c} \qquad K_a = \frac{[H_3O^+]^2}{c}$$

由此可计算出醋酸在不同浓度时的电离度（α）和电离常数（K_a）。

三、实验用品

1. 仪器

酸度计、酸式滴定管（50 mL）、容量瓶（50 mL）、烧杯（50 mL、250 mL）、温度计

2. 药品

0.1 $mol \cdot L^{-1}$ HAc（已标定）、标准缓冲溶液（pH = 6.86、4.00）

四、实验步骤

1. 不同浓度醋酸溶液的配制

用酸式滴定管分别准确量取 37.50 mL、25.00 mL、5.00 mL 已标定的 0.1 $mol \cdot L^{-1}$ 醋酸溶液于三个洁净的 50 mL 容量瓶中，用蒸馏水定容、摇匀，得到一系列不同浓度的醋酸溶液。

2. 醋酸溶液 pH 值的测定

先用两种已知 pH 值的标准缓冲溶液校正酸度计，再用四只干燥洁净的 50 mL 烧杯，分别取 30 mL 上述三种浓度的醋酸溶液及一份 0.1 $mol \cdot L^{-1}$ 醋酸原溶液，然后按从稀到浓的顺序用酸度计分别测定它们的 pH 值。

五、注意事项

1. 测定醋酸溶液 pH 值用的小烧杯，必须洁净、干燥，否则会影响醋酸起始浓度及所测得的 pH 值。

2. 酸度计使用时按浓度由低到高的顺序测定 pH 值，每次测定完毕，都必须用蒸馏水将电极头清洗干净，并用滤纸吸干水分。

3. 测定醋酸溶液 pH 值前必须进行温度补偿。

4. 小心使用玻璃电极，因其易碎。

六、思考题

在测定一系列同种溶液的 pH 时，测定顺序由稀到浓和由浓到稀，其结果可能会有什么不同？

七、pHS-25 型数字酸度计的使用方法

1. 酸度计的标定

（1）打开仪器电源开关，将仪器预热 10 min。

（2）将“选择”开关置“pH”挡。

（3）将复合电极用蒸馏水清洗干净，再用滤纸轻轻吸干水分，然后将电极插入 pH＝6.86 的标准缓冲溶液中，调节“温度”补偿器，使所指示的温度与溶液的温度相同，再调节“定位”键，使仪器所指示的 pH 值与该缓冲溶液在此温度下的 pH 值相同。

（4）取出电极，用蒸馏水清洗干净，再用滤纸轻轻吸干水分，然后将电极插入 pH＝4.00 的标准缓冲溶液中，再调节“斜率”键，使仪器所显示的 pH 值与该缓冲溶液在此温度下的 pH 值相同。

经过上述步骤标定的仪器，“定位”键和“斜率”键不允许再有任何变动。

2. 样品 pH 值的测定

（1）用蒸馏水清洗干净电极，用滤纸吸干，然后将电极插入待测溶液中，轻轻摇动烧杯，缩短电极响应时间。

（2）当待测溶液的温度与标定时所用缓冲溶液的温度不同时，应调节“温度”补偿器，使所指示的温度与待测溶液的温度相同，

（3）将“选择”开关置“pH”挡，仪器所显示的 pH 值即是待测溶液的 pH 值。

2.4 旋光活性物质旋光度的测定

一、实验目的

1. 了解旋光仪的结构原理。
2. 观察偏振光通过旋光性物质的旋光现象。
3. 学习用旋光仪测糖溶液旋光度。

二、实验用品

1. 仪器

旋光仪。

2. 药品

蒸馏水、葡萄糖溶液、果糖溶液。

三、实验步骤

1. 样品管的充填

将样品管一端的螺帽旋下，取下玻璃盖片（小心不要掉在地上摔碎!），然后将管竖直，管口朝上。用滴管注入待测溶液或蒸馏水至管口，并使溶液的液面凸出管口。小心将玻璃盖片沿管口方向盖上，把多余的溶液挤压溢出，使管内不留气泡，盖上螺帽。管内如有气泡存在，需重新装填。装好后，将样品管外部拭净，以免沾污仪器的样品室。

2. 仪器零点的校正和半暗位置的识别

接通电源并打开光源开关，5～10 min 后，钠光灯发光正常（黄光），才能开始测定。通常在正式测定前，均需校正仪器的零点，即将充满蒸馏水的样品管放入样品室，旋转粗调钮和微调钮至目镜视野中三分视场（或二分视场）的明暗程度完全一致（较暗），再按游标卡尺原理记下左右两个读数，如此重复测定 3 次，将所得数据计入表格中，取其平均值即为仪器的零点值，也为后面实验结果的校正值。

上述校正零点过程中，三分视场（或二分视场）的明暗程度（较暗）完全一致的位置，即是仪器的半暗位置。通过零点的校正，要学会正确识别和判断仪器的半暗位置，并以此为准，进行样品旋光度的测定。

3. 样品旋光度的测定

将充满待测样品溶液的样品管放入旋光仪内，旋转粗调和微调旋扭，使达到半暗位置，按游标尺原理记下读数，重复 3 次，取平均值，即为旋光度的观测值，由观测值减去零点值，即为该样品的旋光度。例如，仪器的零点值为−0.05°，样品旋光度的观测值为+9.85°，则样品真正的旋光度为 α=+9.85°−(−0.05°)＝+9.900°。由实验得到的旋光度值，按照公式：

$$[\alpha]_t^{\mathrm{D}} = \frac{10\alpha}{Lc}$$

计算样品的比旋光度。公式中 D 表示光源，通常为钠光 D 线，t 为实验温度，α 为旋光度，L 为样品管长度（单位：cm），c 为被测物质的浓度（单位：$\mathrm{g \cdot mL^{-1}}$）。

四、思考题

1. 你认为本实验的误差决定于哪些因素，如何减小误差？
2. 测定旋光度时为什么样品管内不能有气泡存在？

五、旋光仪介绍

1. 旋光现象和旋光度

一般光源发出的光，其光波在垂直于传播方向的一切方向上振动，这种光称为自然光，或称非偏振光；而只在一个方向上有振动的光称为平面偏振光（偏振光产生原理如图 2-3 所示）。当一束平面偏振光通过某些物质时，其振动方向会发生改变，此时光的振动面旋转一定的角度，这种现象称为物质的旋光现象（图 2-4），这种物质称为旋光物质。旋光物质使偏振光振动面旋转的角度称为旋光度。尼柯尔（Nicol）棱镜就是利用旋光物质的旋光性而设计的。

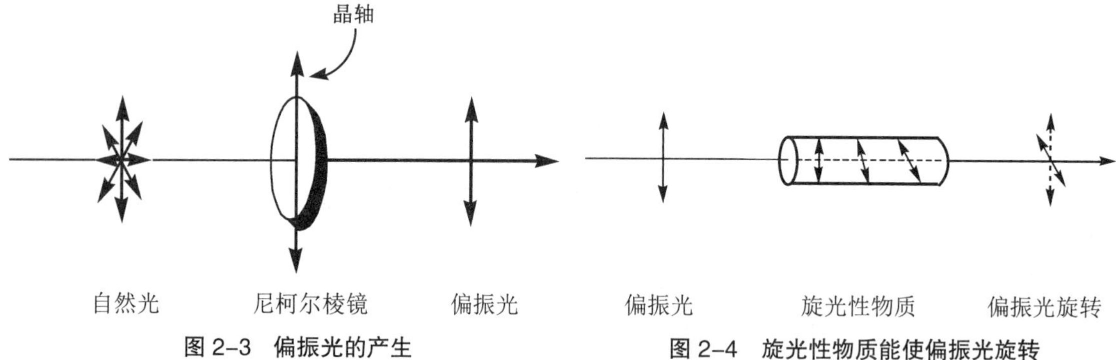

图 2-3　偏振光的产生　　**图 2-4　旋光性物质能使偏振光旋转**

尼柯尔棱镜是由两块方解石直角棱镜沿斜面用加拿大树脂粘合而成，如图 2-5 所示。当一束单色光照射到尼柯尔棱镜时，分解为两束相互垂直的平面偏振光，一束折射率为 1.658 的寻常光，另一束折射率为 1.486 的非寻常光，这两束光线到达加拿大树脂粘合面时，折射率大的寻常光（加拿大树脂的折射率为 1.550）被全反射到底面上的墨色涂层被吸收，而折射率小的非寻常光则通过棱镜，这样就获得了一束单一的平面偏振光。用于产生平面偏振光的棱镜称为起偏镜，如让起偏镜产生的偏振光照射到另一个透射面与起偏镜透射面平行的尼柯尔棱镜，则这束平面偏振光也能通过第二个棱镜，如果第二个棱镜的透射面与起偏镜的透射面垂直，则由起偏镜出来的偏振光完全不能通过第二个棱镜。如果第二个棱镜的透射面与起偏镜的透射面之间的夹角 θ 在 $0^\circ \sim 90^\circ$ 之间，则光线部分通过第二个棱镜，此第二个棱镜称为检偏镜。通过调节检偏镜，能使透过的光线强度在最强和零之间变化。如果在起偏镜与检偏镜之间放有旋光性物质，则由于物质的旋光作用，使来自起偏镜的光的偏振面改变了某一角度，只有检偏镜也旋转同样的角度，才能补偿旋光线改变的角度，使透过的光的强度与原来相同。旋光仪就是根据这种原理设计的。

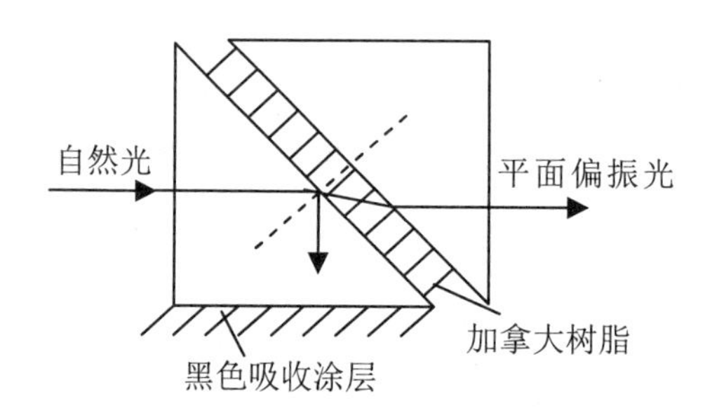

图 2-5　尼柯尔棱镜

2. 旋光仪的构造原理和结构

WXG-4 型圆盘旋光仪由上海物理光学仪器厂制造。该仪器将光源（20W 钠光灯，波长 λ=589.3 nm）与光学系统安装在同一台基座上，光学系统以倾斜 20°安装，操作十分方便。该仪器光学系统结构见图 2-6。

光线从光源（1）投射到聚光镜（2）、滤色镜（3）、起偏镜（4）后，变成平面直线偏振光，再经半波片（5）后，视野中出现了三分视场。旋光性物质盛入样品管（6）放入镜筒测定，由于溶液具有旋光性，故把平面偏振光旋转了一个角度，通过检偏镜（7）起分析作用，从目镜（9）中观察，就能看到中间亮（或暗）左右暗（或亮）的亮度不等三分视场见图 2-7，

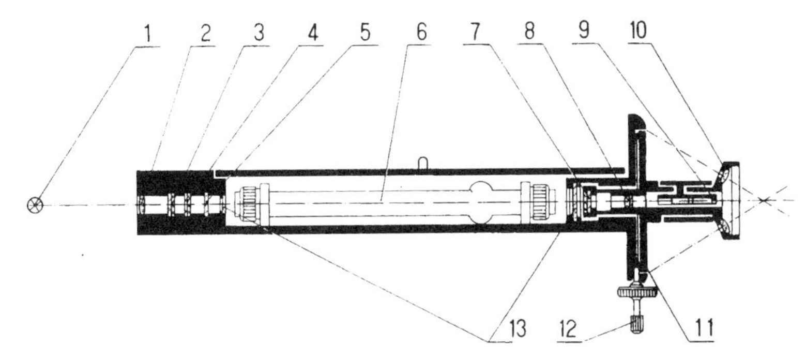

1—光源（钠光）；2—聚光镜；3—滤色镜；4—起偏镜；5—半波片；6—试管；7—检偏镜；
8—物镜；9—目镜；10—放大镜；11—度盘游标；12—度盘转动手轮；13—保护片

图 2-6　WXG-4 型圆盘旋光仪光学系统

转动度盘转动手轮（12），带动度盘游标（11）及检偏镜（7）[度盘和检偏镜固定在一起，能借手轮（12）作粗、细转动]，至看到三分视场照度（暗视场）完全一致时为止。然后从放大镜（10）中读出度盘旋转的角度（图 2-8）。

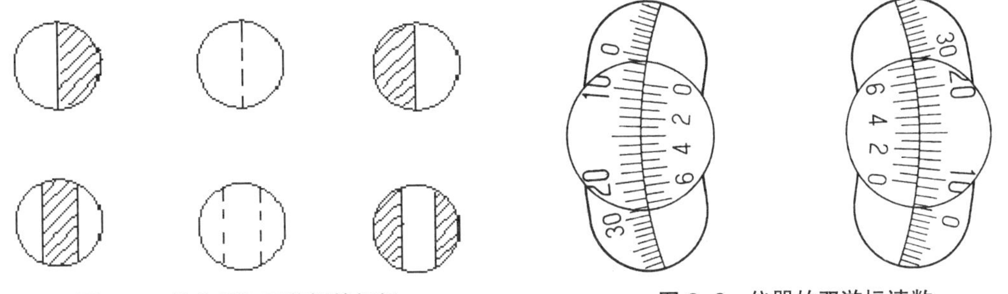

图 2-7　半荫板和三荫板的视场　　　**图 2-8　仪器的双游标读数**

该仪器采用双游标卡尺读数，以消除度盘偏心差。度盘分 360 格，每格 1°，游标卡尺分 20 格，等于度盘 19 格，用游标直接读数到 0.05°。如图 2-8 所示，游标 0 刻度指在度盘 9 与 10 格之间，且游标第 6 格与度盘某一格完全对齐，故其读数为 $\alpha = +(9.00° + 0.05° \times 6) = 9.30°$。仪器游标窗前方装有两块 4 倍的放大镜，供读数时使用。

2.5　配合物的组成及稳定常数的测定

一、实验目的

1. 掌握测定配合物组成和稳定常数的方法。
2. 熟悉并掌握分光光度计的基本原理和使用方法。

二、实验原理

溶液中重金属离子 M 和配位体 L 形成配合物，其反应式为：

$$M + nL = ML_n$$

当达到平衡时，配合物的稳定常数 K_f^θ 和达到配位离解平衡时的离子浓度关系为：

$$K_f^\theta = \frac{[ML_n]}{[M][L]^n}$$

式中 n 为配位数。

对于 K_f^θ 和 n 的测定一般采用等摩尔连续递变法。所谓等摩尔连续递变法就是保持金属离子和配体二者的总物质的量（摩尔数）不变，将金属离子和配体按不同物质的量（摩尔）比混合，配制一系列等体积溶液（即保持金属离子浓度 c 和配体浓度之和不变的溶液），分别测其吸光度。虽然这一系列溶液中总物质的量相等，但 M 与 L 的物质的量（摩尔）比是不同的，即有一些溶液中重金属离子 M 是过量的，在另一些溶液中配体 L 是过量的，在这两部分溶液中配离子的浓度不可能达到最大值，只有当溶液中配体与金属离子浓度之比与配离子的组成一致时，配离子浓度才能最大，因而此时吸光度最大。如果溶液中只生成一种配合物，随着金属离子浓度由小变大，配合物浓度先递增再递减，相应的吸光度也如此变化，以吸光度 A 为纵标，以摩尔分数（配体和中心离子浓度相同时，可用体积分数 $\frac{V_M}{V_M + V_L}$ ）为横标作图，所得的“吸光度－物质的量比”曲线，一定会出现极大值，如图 2-9 所示。

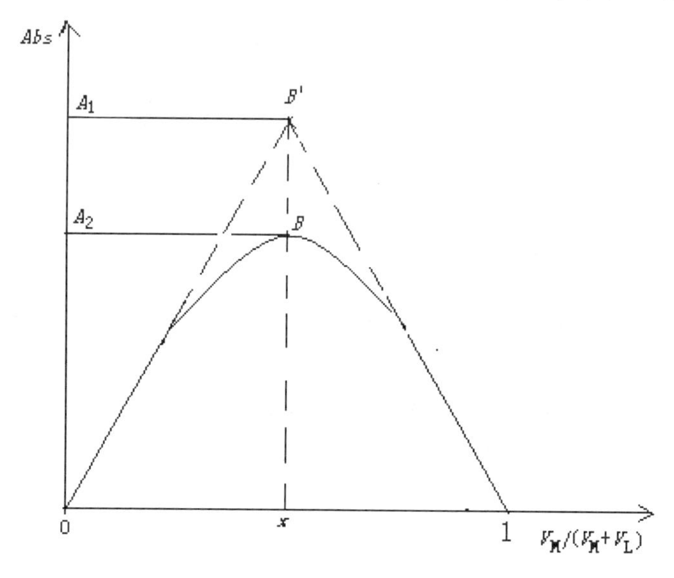

图 2-9　吸光度—物质的量比曲线

1. 配合物组成的确定（n 的确定）

曲线最高点所对应的溶液组成（M 和 L 的摩尔比）即为该配合物的组成。若与吸光度极值点所对应的 M 和 L 的摩尔比为 1:1，则配合物组成为 ML 型，若 M 与 L 的摩尔比为 1∶2，则配合物为 ML_2 型。

2. 配合物稳定常数的确定（ K_f^θ 的确定）

按照朗伯—比尔定律，若 M 与 L 形成稳定的配合物，则吸光度—物质的量比曲线应是一条折线，有明显的极值点 B'（如图 2-9 中虚线所示）；若配合物不稳定，部分离解，其极值

点从点 B'（对应的吸光度 A_1）降至点 B（对应的吸光度 A_2），此时可以沿曲线两侧作切线，其相交点即 B'，则稳定常数可以通过以下方法求得。

设配合物的离解度为α，可表示为：

$$\alpha = \frac{A_1 - A_2}{A_1}$$

设初始金属离子浓度为 c，则可得：

$$K_f^\theta = \frac{c(1-\alpha)}{c\alpha(c\alpha)^n} = \frac{1-\alpha}{(nc)^n \alpha^{n+1}}$$

当 $n=1$ 时，

$$K_f^\theta = \frac{1-\alpha}{c\alpha^2} = \frac{A_1 A_2}{c(A_1 - A_2)^2}$$

本实验选用磺基水杨酸（简写为 H_3R）与 Fe^{3+}形成的配位平衡体系，H_3R 和 Fe^{3+}等试剂与配合物的吸收光谱不重合，因此可用分光光度法测定。但由于配合物的组成受溶液 pH 影响，在 pH=2～3 时，生成紫红色配合物；pH=4～10 时，生成红色色配合物；pH=10～11 时，生成黄色配合物。

本实验测定 pH=2.1 时形成的红褐色磺基水杨酸铁配离子的组成极稳定常数，实验中是通过加入一定量的 H_2SO_4 来控制溶液的 pH 值。

三、实验用品

1. 仪器

722 型分光光度计，50 mL 容量瓶，10 mL 移液管。

2. 药品

$NH_4Fe(SO_4)_2$ 溶液，H_3R 溶液，pH=2.1 的 H_2SO_4 溶液。

四、实验步骤

1. 系列溶液的配制（表 2-1）

表 2-1 系列溶液的配制

$c(NH_4Fe(SO_4)_2)$=________mol·L^{-1}，$c(H_3R)$=________mol·L^{-1}

溶液编号	1	2	3	4	5	6	7	8	9	10	11
$NH_4Fe(SO_4)_2$ 溶液的体积 V/mL	0.00	1.00	2.00	3.00	4.00	5.00	6.00	7.00	8.00	9.00	10.00
H_3R 溶液的体积 V/mL	10.00	9.00	8.00	7.00	6.00	5.00	4.00	3.00	2.00	1.00	0.00
$c_M/(c_M+c_L)$	0	0.1	0.2	0.3	0.4	0.5	0.6	0.7	0.8	0.9	1.0
吸光度（A）											

将 11 个 50 mL 容量瓶洗净编号，在 1 号容量瓶中，用一支吸量管（标上 $NH_4Fe(SO_4)_2$ 记号）加入 $NH_4Fe(SO_4)_2$ 溶液 0.00mL，用另一只吸量管（标上 H_3R 记号）加入 H_3R 溶液 10.00 mL，然后加 pH=2.1 的 H_2SO_4 溶液稀释至刻度，定容。

按同样方法根据表 2-1 中所示各溶液的量将 2～11 号容量瓶配好。

2. 吸光度测定

用 722 分光光度计测定，选用槽宽为 1 cm 的比色皿，以 1 号为空白，用 λ_{max}=500 nm 波长，分别测定各溶液的吸光度。先将蒸馏水洗过的比色皿用待测液润洗三遍，然后装入待测液至比色皿 2/3 体积处，并用镜头纸仔细将比色皿的透光面擦干净（若水珠较多时，可先用滤纸吸去大部分水，再用镜头纸擦净）。按编号依次放入分光光度计的比色皿框内进行测定，记录相应的吸光度。

五、思考题

1. 为什么要控制 pH 值？
2. 本实验中是怎样确定配合物的的组成？怎样求的 K_f^θ？

2.6 化学反应速率的测定

一、实验目的

1. 学习测定$(NH_4)_2S_2O_8$与 KI 反应的反应速率的原理和方法。
2. 了解浓度、温度、催化剂对化学反应速率的影响。

二、实验原理

在水溶液中，$(NH_4)_2S_2O_8$与 KI 发生反应，其离子方程式为：

$$S_2O_8^{2-} + 3I^- = 2SO_4^{2-} + I_3^- \qquad (1)$$

此反应的速率方程可表示如下：

$$v = \frac{dc(S_2O_8^{2-})}{dt} = kc^m(S_2O_8^{2-})c^n(I^-)$$

式中：$dc(S_2O_8^{2-})$ ——$S_2O_8^{2-}$在 dt 时间内浓度的改变量（$mol \cdot L^{-1}$）；

$c(S_2O_8^{2-})$ ——$S_2O_8^{2-}$的起始浓度（$mol \cdot L^{-1}$）；

$c(I^-)$ ——I^-的起始浓度（$mol \cdot L^{-1}$）；

v——该温度下的瞬时速率（$mol \cdot L^{-1} \cdot s^{-1}$）；

k——速率常数；

m——$S_2O_8^{2-}$的反应级数；

n——I^-的反应级数。

由于实验无法测得微观时间 dt 内的 $dc(S_2O_8^{2-})$变化值，因此我们用宏观时间变化“Δt”代替“dt”，以宏观量的变化 $\Delta c(S_2O_8^{2-})$代替 $dc(S_2O_8^{2-})$，即以平均速率代替瞬时速率：

$$\bar{v} = -\frac{\Delta c(S_2O_8^{2-})}{\Delta t} \approx v = kc^m(S_2O_8^{2-})c^n(I^-)$$

为了测定 Δt 时间内 $S_2O_8^{2-}$的浓度变化，在将 KI 与$(NH_4)_2S_2O_8$溶液混合的同时，加入一

定量已知浓度的 $Na_2S_2O_3$ 溶液和指示剂淀粉溶液，这样在反应（1）进行的同时，还发生如下反应：

$$2S_2O_3^{2-} + I_3^- = S_4O_6^{2-} + 3I^- \qquad (2)$$

反应（2）进行的速度非常快，几乎瞬间完成，而反应（1）却慢得多，所以反应（1）生成的 I_3^- 立即与 $S_2O_3^{2-}$ 作用生成无色的 $S_4O_6^{2-}$ 和 I^-，一旦 $Na_2S_2O_3$ 耗尽，反应（1）生成的 I_3^- 立即与淀粉作用，使溶液显蓝色，记录溶液变蓝所用的时间 Δt。

Δt 即为 $Na_2S_2O_3$ 反应所用的时间。从反应（1）和反应（2）中的关系可知，$S_2O_8^{2-}$ 减少的物质的量是 $S_2O_3^{2-}$ 的二分之一，由于本实验中所用 $Na_2S_2O_3$ 的起始浓度相等，因而每份反应在所记录时间内 $\Delta c(S_2O_3^{2-})$ 都相等，每份反应的 $c(S_2O_3^{2-})$ 都相同，即有如下关系：

$$\bar{v} = -\frac{\Delta c(S_2O_8^{2-})}{\Delta t} = \frac{\Delta c(S_2O_3^{2-})}{2\Delta t} = \frac{c(S_2O_3^{2-})}{\Delta t}$$

在相同温度下，固定 I^- 起始浓度而只改变 $S_2O_8^{2-}$ 的浓度，可分别测出反应所用时间 Δt_1 和 Δt_2，然后分别代入速率方程得：

$$v_1 = \frac{\Delta c_1(S_2O_8^{2-})}{\Delta t_1} = \frac{c_1(S_2O_3^{2-})}{2\Delta t_1} = kc_1^m(S_2O_8^{2-})c_1^n(I^-)$$

$$v_2 = \frac{\Delta c_2(S_2O_8^{2-})}{\Delta t_2} = \frac{c_2(S_2O_3^{2-})}{2\Delta t_2} = kc_2^m(S_2O_8^{2-})c_2^n(I^-)$$

因为 $c_1(I^-)= c_2(I^-)$，则通过

$$\frac{\Delta t_1}{\Delta t_2} = \left[\frac{c_2(S_2O_8^{2-})}{c_1(S_2O_8^{2-})}\right]^m$$

可求出 m。

同理，保持 $c(S_2O_8^{2-})$ 不变，只改变 I^- 的浓度则可求出 n，$m+n$ 即为该反应级数。由

$$k = \frac{v}{c^m(S_2O_8^{2-})c^n(I^-)}$$

代入任一组数据即可求出速率常数 k。

温度对化学反应速率有明显的影响，若保持其他条件不变，只改变反应温度，由反应所用时间 Δt_1 和 Δt_2，得出如下关系：

$$\frac{v_1}{v_2} = \frac{k_1c^m(S_2O_8^{2-})c^n(I^-)}{k_2c^m(S_2O_8^{2-})c^n(I^-)} = \frac{k_1}{k_2} = \frac{\bar{c}(S_2O_8^{2-})/\Delta t_1}{c(S_2O_8^{2-})/\Delta t_2}$$

得出 $k_1/k_2=\Delta t_2/\Delta t_1$，从而得出不同温度下的速率常数 k。

催化剂能改变反应途径，改变反应的活化能，对反应速率有较大的影响，$(NH_4)_2S_2O_8$ 与 KI 的反应可用可溶性铜盐如 $Cu(NO_3)_2$ 作催化剂。

三、实验用品

1. 仪器

量筒（25 mL、10 mL）、烧杯（100 mL）、秒表、温度计、恒温水浴锅。

2. 药品

0.2 mol·L^{-1} KI、0.2 mol·L^{-1} $(NH_4)_2S_2O_8$、0.2 mol·L^{-1} $(NH_4)_2SO_4$、0.02 mol·L^{-1} $Cu(NO_3)_2$、0.2 mol·L^{-1} KNO_3、0.01 mol·L^{-1} $Na_2S_2O_3$、0.2 mol·L^{-1} 淀粉。

四、实验步骤

1. 浓度对化学反应速率的影响

在室温下，分别用三只量筒取 20 mL 0.2 mol·L^{-1}KI、0.2% 淀粉、8 mL 0.01 mol·L^{-1} $Na_2S_2O_3$ 溶液（每种试剂所用的量筒贴上标签，以免混乱），倒入 100 mL 烧杯中，搅匀，然后用另一只量筒取 20 mL 0.2 mol·L^{-1}$(NH_4)_2S_2O_8$ 溶液，迅速加入到该烧杯中，同时按动秒表，并不断用玻璃棒搅拌，待出现蓝色时，立即停止秒表，记下反应的时间和温度。

用同样的方法按表 2-2 所列各种试剂用量进行另外 4 次实验，记下每次实验反应时间。为了使每次实验中离子强度和总体积不变，不足的量分别用 0.2 mol·L^{-1}KNO_3 溶液和 0.2 mol·L^{-1} $(NH_4)_2SO_4$ 补足。

表 2-2　实验 2.6 用表 1——浓度影响

实验编号		1	2	3	4	5
温度 T/℃						
试液的体积 V/mL	0.2 mol·L^{-1} $(NH_4)_2S_2O_8$	20	10	5	10	20
	0.2 mol·L^{-1} KI	20	20	20	10	5
	0.01 mol·L^{-1} $Na_2S_2O_3$	8	8	8	8	8
	0.2% 淀粉	4	4	4	4	4
	0.2 mol·L^{-1} KNO_3	0	0	0	10	15
	0.2 mol·L^{-1}$(NH_4)_2SO_4$	0	10	15	0	0
反应物起始浓度 c/ mol·L^{-1}	$(NH_4)_2S_2O_8$					
	KI					
	$Na_2S_2O_3$					
反应开始至溶液显蓝色时所需时间 Δt/s						
反应的平均速率 $\bar{v}=\dfrac{c(Na_2S_2O_3)}{2\Delta t}, \bar{v}/\text{mol}\cdot\text{L}^{-1}\cdot\text{s}^{-1}$						
反应的速率常数 $k=k/[k]=\dfrac{v/[v]}{c^m(S_2O_8^{\ 2-})c^n(\text{I}^-)}$						
反应级数		$m=$　　，$n=$　　，反应级数 $m+n=$				

2. 温度对化学反应速率的影响

按表 2-2 中实验 4 各试剂的用量，在分别比室温高 10℃、20℃的温度条件下，重复上述实验。操作步骤是，将 KI、淀粉、$Na_2S_2O_3$ 和 KNO_3 放在一只 100 mL 烧杯中混匀，$(NH_4)_2S_2O_8$ 放在另一烧杯中，将两份溶液在恒温水浴锅中升温，待升到所需温度时，将$(NH_4)_2S_2O_8$ 溶液迅速倒入 KI 等混合溶液中，同时按下秒表并不断搅拌，当溶液出现蓝色时，立即停止秒表，

记下反应时间，计算反应速度。将这两次编号为 6、7 的数据和编号为 4 的数据记录在表 2-3 中，并求出不同温度下的反应速率常数。

表 2-3　实验 2.6 用表 2——温度影响

实验编号	反应温度 T/℃	反应时间 Δt/s	反应速率 v/ mol·L^{-1}·s^{-1}	反应速率常数 k/[k]
4				
6				
7				
8（$Cu(NO_3)_2$）				

3. 催化剂对化学反应速率的影响

单相催化剂 $Cu(NO_3)_2$ 可加快$(NH_4)_2S_2O_8$ 和 KI 的反应，按表 2-2 中实验 4 的各试剂用量将 KI、$Na_2S_2O_3$、KNO_3 和淀粉加到 100 mL 烧杯中，再加 3 滴 0.02 mol·L^{-1} $Cu(NO_3)_2$ 溶液作催化剂，搅匀，迅速加入$(NH_4)_2S_2O_8$ 溶液，同时开始记录时间，不断搅拌，直到溶液出现蓝色为止，记下所用时间，将反应速率与表 2-2 实验 4 的反应速率相比较。将数据填入表 2-3 中。

五、思考题

1. 本实验中为什么可以由反应溶液出现蓝色时间的长短来计算反应速率？反应溶液出现蓝色后反应是否终止？

2. 在实验中，向 KI、淀粉、$Na_2S_2O_3$ 混合液中加入$(NH_4)_2S_2O_8$ 溶液时，为什么必须迅速倒入？

3. 如果实验中先加$(NH_4)_2S_2O_8$ 溶液，最后加入 KI 溶液，对实验结果有何影响？

4. 本实验中 $Na_2S_2O_3$ 的用量过多或过少，对实验结果有何影响？

2.7　二氯化铅溶度积的测定

一、实验目的

1. 巩固溶度积概念，了解使用离子交换树脂的一般方法。

2. 了解用离子交换法测定难溶电解质的溶度积的原理和方法。

3. 进一步练习酸碱滴定的基本操作。

二、实验原理

常见难溶电解质溶度积的测定方法有电动势法、电导法、分光光度法、离子交换树脂法等，其实质均为测定一定条件下达到沉淀溶解平衡时溶液中相关离子的浓度，从而得到 K_{sp}^{θ}。本实验是利用强酸型阳离子交换树脂与饱和 $PbCl_2$ 溶液进行离子交换，来测定室温下 $PbCl_2$ 溶液中 Pb^{2+} 的浓度，从而求出其溶度积 K_{sp}^{θ}。

在一定温度下，在过量 $PbCl_2$ 存在的饱和溶液中，存在如下的沉淀溶解平衡：

$$PbCl_2(s) \rightleftharpoons Pb^{2+}(aq) + 2Cl^-(aq) \quad (1)$$

$$2c(Pb^{2+}) = c(Cl^-) \quad (2)$$

$$K_{sp}^{\theta} = [c(Pb^{2+})/c^{\theta}]\cdot[c(Cl^-)/c^{\theta}]^2 = 4[c(Pb^{2+})/c^{\theta}]^3 \quad (3)$$

可见，测出了饱和 $PbCl_2$ 溶液中 Pb^{2+} 的浓度，即可求出 $PbCl_2$ 的溶度积常数。

离子交换树脂是分子中含有活性基团而能与其他物质进行离子交换的高分子化合物，含有酸性基团而能与其他物质交换阳离子的称为阳离子交换树脂；含有碱性基团而能与其他物质交换阴离子的称为阴离子交换树脂。根据离子交换树脂的这一特性，广泛用它来进行水的净化、金属的回收以及离子的分离和测定等。常用的阳离子交换树脂的活性基团是强酸型的，称为强酸型阳离子交换树脂。它的化学结构可用 R-SO_3H 表示（这里的 R 表示除酸性基团以外的高聚物母体，H 为活性基团—SO_3H 中可供交换的氢原子）。

强酸型阳离子交换树脂可与饱和 $PbCl_2$ 溶液中的阳离子 Pb^{2+} 进行离子交换，其交换反应式为：

$$2R\text{-}SO_3H(s) + Pb^{2+}(aq) \rightleftharpoons (R\text{-}SO_3)_2Pb(s) + 2H^+(aq) \quad (4)$$

显然，经过交换后，氯化铅溶液变成了具有酸性的溶液，从离子交换柱中流出。当用已知浓度的 NaOH 溶液滴定交换下来的 H^+ 时：

$$OH^-(aq) + H^+(aq) = H_2O(l) \quad (5)$$

根据用去的已知浓度的 NaOH 溶液的体积，即可算出被 Pb^{2+} 置换出的 H^+ 的摩尔数，同时求出 Pb^{2+} 的摩尔数，进一步就可算出饱和 $PbCl_2$ 溶液的浓度，从而算出 $PbCl_2$ 的溶度积。

设 NaOH 的浓度为 c(NaOH)，滴定时所用去的 NaOH 的体积为 V(NaOH)，所量取的饱和 $PbCl_2$ 溶液的体积为 $V(PbCl_2)$，则饱和溶液中 Pb^{2+} 的浓度 $c(Pb^{2+})$ 为：

$$c\left(Pb^{2+}\right) = \frac{c\left(NaOH\right)\cdot V\left(NaOH\right)}{2V\left(PbCl_2\right)} \quad (6)$$

代入式中即可求出 $PbCl_2$ 的溶度积常数。

三、实验用品

1. 仪器

移液管（25 mL）、碱式滴定管（50 mL）、锥形瓶（250 mL）、烧杯（100 mL）、量筒（100 mL）、离子交换柱（可用 100 mL 碱式滴定管制成）、滴定管夹、铁架台、螺旋夹、洗耳球、温度计（100℃）。

2. 药品

HNO_3（1 mol·L^{-1}）、HNO_3（0.1 mol·L^{-1}）、标准 NaOH（0.05 mol·L^{-1}）、$PbCl_2$（固体、分析纯）、0.1%溴百里酚蓝、强酸型阳离子交换树脂（732 型，16～50 目）。

3. 其他

pH 试纸、玻璃纤维、定量滤纸。

四、操作步骤

1. 饱和 $PbCl_2$ 溶液的配制

按室温时 $PbCl_2$ 的溶解度，在台秤上称取过量的 $PbCl_2$ 晶体于烧杯中，再向烧杯中加入已经煮沸除去 CO_2 的去离子水（注意水的用量），不断搅拌，并加热使 $PbCl_2$ 充分溶解。放置冷却至室温后，用漏斗过滤（漏斗、滤纸和承接烧杯均应是干燥的），滤液即为饱和 $PbCl_2$ 溶液。

2. 离子交换树脂的转型

市售的 732 型阳离子交换树脂为钠型树脂（$R\text{-}SO_3Na$），使用前必须将其转变为氢型（$R\text{-}SO_3H$）。方法：称取适量强酸型阳离子交换树脂（每次实验用量约为 15 g），放入适量（使溶液满过树脂为度）$1\ mol\cdot L^{-1}$ HNO_3 溶液中浸泡一昼夜，使其完全转变为氢型。

3. 树脂装柱

取出碱式滴定管的玻璃珠，换上螺旋夹，并在滴定管底部塞入少量玻璃纤维，作为离子交换柱，用滴定管夹固定在铁架台上，如图 2-10 所示。拧紧螺旋夹，向交换柱中加入去离子水约至 1/3 高度，排出管中、玻璃棉中以及橡皮管中的所有空气。取已转型的离子交换树脂置于烧杯中，尽可能地倾出多余的酸液，加入去离子水调匀成“糊状”，从管上端倾入（树脂随水一起倾入，这样可以使树脂充填紧实，防止树脂分层），使树脂自然下沉，树脂层的高度约为 20 cm 即可。如水太多，可打开螺旋夹，让多余的水从下部慢慢流出，直至液面略高于离子交换树脂后夹紧螺旋夹。在操作过程中，离子交换树脂一直要保持在水面以下，防止水流干而有气泡进入。如果树脂层中进入了空气，会产生缝隙而使交换效果降低。若出现气泡，可用玻璃棒搅动树脂，以便赶出树脂间的气泡。若气泡仍无法排出，则应重新装柱。

为了排出离子交换树脂中多余的酸液，调节螺旋夹，使溶液以每分钟约 40 滴的流速流经离子交换树脂，同时从滴定管上方不断加入去离子水洗涤树脂，直至流出液呈中性（用 pH 试纸检验）。弃去全部流出液，此时柱中的多余酸液已全部排出，且钠型树脂全部转变为氢型。注意，在洗涤离子交换树脂的整个过程中，都应使之处于湿润状态，为此在离子交换树脂上方应保持有足够的去离子水。

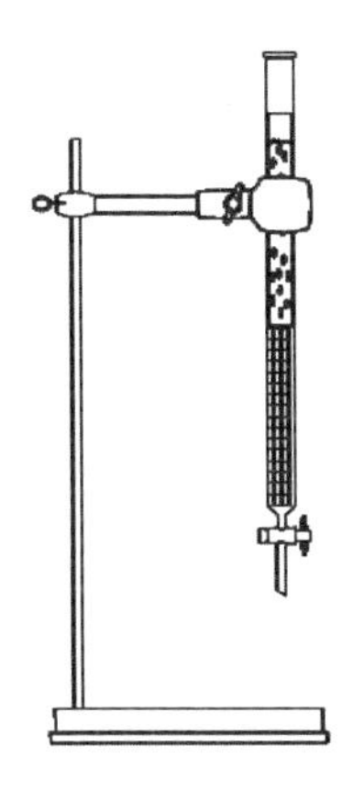

图 2-10　离子交换柱示意图

4. 交换和洗涤

用 100 mL 烧杯放取饱和 $PbCl_2$ 溶液 50 mL 左右，测量并记录该溶液的温度，再用移液

管准确吸取饱和 $PbCl_2$ 溶液 25 mL（注意：所用的烧杯和移液管必须用少许饱和 $PbCl_2$ 溶液润洗两次），并逐量注入柱内。调节螺旋夹，使溶液以每分钟 20～25 滴的流速通过离子交换柱（流速不宜过快，否则将影响树脂的交换效果），用洁净的 250 mL 锥形瓶承接流出液。待饱和 $PbCl_2$ 溶液液面接近树脂层表面时，用 100 mL 左右蒸馏水分批淋洗离子交换树脂，以保证所有被交换的 H^+ 被全部淋洗出来，淋洗时的流出液也一并承接在锥形瓶中。注意，在每次加液体前，液面都应略高于树脂层，这样不会产生气泡，可提高交换和洗涤的效果。在交换淋洗的过程中，注意勿使流出液损失，淋洗时的流出液，应该常用 pH 试纸测定其 pH 值，直至流出液为中性时（流出液的 pH 值与蒸馏水的 pH 值相同），即停止淋洗。

5. 滴定

用 0.05 $mol \cdot L^{-1}$ NaOH 标准溶液滴定锥形瓶中收集的流出液，以溴百里酚蓝作指示剂（加 2～3 滴）。在 pH 值为 6.2～7.6 时，溶液由黄色转变为浅蓝色即为滴定终点，精确记录滴定前后滴定管中 NaOH 标准溶液的体积读数。

6. 树脂再生

将交换柱中的离子交换树脂倒出，尽可能地倾去多余的去离子水，用 0.1 $mol \cdot L^{-1}$ HNO_3 溶液浸泡离子交换树脂一昼夜。

$$(R\text{-}SO_3)_2Pb(s) + 2H^+(aq) \rightleftharpoons 2R\text{-}SO_3H(s) + Pb^{2+}(aq) \quad (7)$$

五、思考题

1. 本实验中测定 $PbCl_2$ 溶度积的原理是什么？

2. 本实验所用的玻璃仪器中，哪些需要用干燥的，哪些不需要用干燥的？为什么？

3. 在进行离子交换的操作过程中，为什么流出液要控制一定的流速？交换柱中树脂层内为什么不允许出现气泡？应如何避免？

4. 饱和 $PbCl_2$ 溶液通过交换柱后，为什么要用去离子水洗涤至中性，且不允许流出液有所损失？

第 3 章　物质的分离、提取与提纯

3.1　粗食盐的提纯

一、目的要求

1. 熟悉粗食盐的提纯过程及基本原理。
2. 学习称量、过滤、蒸发及减压抽滤等基本操作。
3. 定性地检查产品纯度。

二、实验原理

粗食盐中通常含有 K^+、 Ca^{2+}、Mg^{2+}、SO_4^{2-}、CO_3^{2-}等可溶性杂质的离子，还含有不溶性的杂质（如泥沙）。为了制得科学研究用以及医用的氯化钠，必须除去这些杂质。

不溶性的杂质可用溶解、过滤方法除去。可溶性的杂质要加入适当的化学试剂后除去。除去粗食盐中可溶性杂质（Ca^{2+}，Mg^{2+}，SO_4^{2-}，CO_3^{2-}）的方法如下：

（1）在粗食盐溶液中加入稍过量的 $BaCl_2$ 溶液，可将 SO_4^{2-}转化为 $BaSO_4$ 沉淀，过滤可除去 SO_4^{2-}。

$$SO_4^{2-} + Ba^{2+} = BaSO_4\downarrow$$

（2）向食盐溶液中加入 NaOH 和 Na_2CO_3 可将 Ca^{2+}、Mg^{2+}和 Ba^{2+}转化为 $Mg_2(OH)_2CO_3$、$CaCO_3$ 和 $BaCO_3$ 沉淀后过滤除去。

$$2Mg^{2+} + 2OH^- + CO_3^{2-} = Mg_2(OH)_2CO_3\downarrow$$

$$Ca^{2+} + CO_3^{2-} = CaCO_3\downarrow$$

$$Ba^{2+} + CO_3^{2-} = BaCO_3\downarrow$$

（3）用稀 HCl 溶液调节食盐溶液的 pH 值至 2～3，可除去 OH^-和 CO_3^{2-}两种离子。

$$OH^- + H^+ = H_2O$$

$$CO_3^{2-} + 2H^+ = CO_2\uparrow + H_2O$$

（4）食盐溶液中的 K^+和这些沉淀剂不起作用，仍留在溶液中。但由于 KCl 的溶解度相当大，且含量很少，所以蒸发浓缩食盐溶液时，NaCl 结晶析出，而 KCl 则留在溶液中，从而达到提纯的目的。NaCl 和 KCl 在不同温度下的溶解度见表 3-1。

表 3–1 NaCl 和 KCl 在不同温度下的溶解度（g/100g H_2O）

盐	温度 T/℃							
	10	20	30	40	50	60	80	100
NaCl	35.7	35.8	36.0	36.2	36.7	37.1	38.0	39.2
KCl	25.8	34.2	37.2	40.1	42.9	45.8	51.3	56.3

三、实验用品

1. 仪器

蒸发皿、烧杯（250 mL、100 mL）、水泵、表面皿、量筒（100 mL、10 mL）、玻璃棒、布氏漏斗、吸滤瓶、漏斗架、漏斗、台天平、试管、试管架。

2. 药品

粗食盐、2 mol·L^{-1} HCl、65%乙醇、2 mol·L^{-1} NaOH、1 mol·L^{-1} Na_2CO_3、饱和$(NH_4)_2C_2O_4$、1 mol·L^{-1} $BaCl_2$、镁试剂。

3. 其他

pH 试纸。

四、操作步骤

1. 粗食盐的提纯

（1）溶解粗食盐：用台天平称取 5.0 g 的粗食盐放入 100 mL 烧杯中，加 25 mL 蒸馏水，加热搅拌使大部分固体溶解，剩下少量不溶的泥沙等杂质。

（2）除 SO_4^{2-}：边加热边搅拌边滴加 1 mL 1 mol·L^{-1} $BaCl_2$ 溶液，继续加热使 $BaSO_4$ 沉淀完全。2～4 min 后停止加热。待沉淀沉降后，在上清液中滴加 1～2 滴 $BaCl_2$，若有浑浊现象，表示 SO_4^{2-} 仍未除尽，还需补加适量的 $BaCl_2$ 溶液，直到上层清液不再产生浑浊为止。即用倾注法过滤，用少量蒸馏水洗涤沉淀 2～3 次，滤液收集在 250 mL 烧杯中。

（3）除 Ca^{2+}、Mg^{2+}、Ba^{2+}：在滤液中加入 10 滴 2 mol·L^{-1} NaOH 溶液和 1.5 mL 1 mol·L^{-1} Na_2CO_3 溶液，加热至沸，静置片刻。检验沉淀是否完全，沉淀完全后，用倾注法过滤，滤液收集在 100 mL 烧杯中。

（4）除去 OH^-和 CO_3^{2-}：在滤液中逐滴加入 2 mol·L^{-1} HCl 溶液，使 pH 达到 2～3。

（5）蒸发结晶：将滤液放入蒸发皿中，小火加热（切勿大火加热以免飞溅），并不断搅拌，将溶液浓缩至糊状，停止加热。冷却后减压抽滤，将 NaCl 抽干，并用少量 65%乙醇溶液洗涤晶体，把晶体转移至事先称量好的表面皿中，放入烘箱中烘干。冷却，称出表面皿与晶体的总质量，计算产率。

$$产率=\frac{精盐质量（g）}{5.0\,g}\times 100\%$$

2. 产品的纯度检验

取粗食盐和精盐各 0.5 g 放入试管内，分别溶于 5 mL 蒸馏水中，然后各分三等份，盛在 6 只试管中，分成三组，用对比法比较它们的纯度。

（1）SO_4^{2-}的检验：向第一组试管中各滴加 2 滴 1 mol·L^{-1} $BaCl_2$ 溶液，观察现象。

（2）Ca^{2+}的检验：向第二组试管中各滴加 2 滴饱和$(NH_4)_2C_2O_4$溶液，观察现象。

（3）Mg^{2+}的检验：向第三组试管中各滴加 2 滴 2 $mol·L^{-1}$ NaOH 溶液，再滴加 1 滴镁试剂，观察现象。

检验结果填入表 3-2 中。

表 3-2　实验 3.1 纯度检验记录

检验离子	粗盐		精盐	
	试剂	现象	试剂	现象
SO_4^{2-}	$BaCl_2$		$BaCl_2$	
Ca^{2+}	$(NH_4)_2C_2O_4$		$(NH_4)_2C_2O_4$	
Mg^{2+}	镁试剂		镁试剂	

五、思考题

1. 5.0 g 食盐溶于 25 mL 水中，所配溶液是否饱和？为什么不配制饱和溶液？
2. 如何除去过量的 Ba^{2+}？
3. 如何检验 SO_4^{2-}是否沉淀完全？

3.2　纸色谱分离氨基酸

一、实验目的

1. 了解分离、鉴定氨基酸的原理和方法。
2. 学习并掌握纸色谱法的操作技术。

二、实验原理

纸色谱法又称纸上层析法，是以层析滤纸为载体，以有机溶剂与水为展开剂的液相色谱方法。滤纸中的纤维素通常吸收约 22% 的水分，其中 6% 左右的水分子与纤维素上的羟基形成氢键，在分离过程中不随有机溶剂流动，形成纸色谱中的固定相；而有机溶剂为流动相。将要分离的混合物点在滤纸的一端，当色谱展开时，溶剂受毛细作用，沿滤纸上升经过点样处，样品中各组分在固定相与流动相间连续发生多次分配，由于它们的分配系数不同，结果在流动相中具有较大溶解度的组分移动速度较快，而在水中溶解度较大的组分移动速度较慢，经过一定的时间展开后，混合物中的各组分便逐个地分离开。从而达到分离的目的。展开完成后，物质斑点的位置以 R_f值（比移值）鉴别。R_f值对于每种化合物都是一个特定的值，可作为各组分的定性指标。实际上，被分离化合物的结构、固定相与流动相的性质、温度和滤纸质量等都对 R_f值有一定的影响，实验数据往往与文献值不完全相同，因此在测定时要同时展开一个标准样品进行对照才能断定是否为同一物质。R_f值的计算：用尺测量显色斑点的中心与原点（点样中心）之间的距离和原点到溶剂前沿的距离，求出此值，即得氨基酸的 R_f值。

$$R_f=\frac{\text{从起点到物质斑点（中心）的距离}}{\text{起点到溶剂前缘的距离}}$$

三、实验用品

1. 仪器

层析缸、层析纸、喷雾器、吹风机、内径 0.5 mm 毛细管、剪刀、直尺、铅笔、针、线、镊子。

2. 药品

1% 甘氨酸水溶液、1% 胱氨酸水溶液、1% 酪氨酸水溶液、氨基酸混合样品（3 种 1% 氨基酸水溶液等体积混合）。

展开剂：正丁醇∶冰乙酸∶水 ＝4∶1∶1。

显色剂：0.5% 水合茚三酮乙醇溶液。

四、操作步骤

1. 滤纸的准备

戴上干燥、洁净的手套，用干净的剪刀将国产新华 1 号滤纸裁剪成长 15 cm、宽 7.5 cm 的长方形滤纸，在距滤纸两端各约 1～1.5 cm 处，用铅笔轻轻划出“起始线”和“终止线”，于起始线上标出四个小圆点作为点样点，点间距为 1～1.5 cm，并用铅笔标明各点对应样品的名称。

2. 点样

用毛细管吸取少许样品溶液在对应点进行点样，毛细管口轻轻接触纸面后立即离开。点样过程中必须在第一次点样样品干后再点第二次，样点直径控制在 0.1 cm 之内，点好样品，晾干。将点好样品的滤纸两侧用线连起来成筒状。

3. 展开

用镊子将上述筒状滤纸置于装有展开剂的层析缸中，点样端向下，起始线必须在展开剂液面之上，层析纸不要接触层析缸内壁，盖好盖子，静置，当溶剂刚好上升到终止线时，迅速用镊子取出滤纸，先剪开线，再吹干。

4. 显色

用喷雾器距滤纸约 30 cm 向滤纸均匀喷洒显色剂，以滤纸基本喷湿为宜。然后用吹风机热风吹干层析纸，直到显示出紫色斑点为止。

5. R_f 值的计算与鉴定

用铅笔将所有斑点的轮廓描出来，并确定出各斑点的中心位置，分别量出点样点到溶剂前沿的距离和各斑点中心位置的距离，按照 R_f 值定义计算各斑点的 R_f 值。比较各斑点的 R_f 值大小，确定混合样点上的三个斑点各是什么物质。

五、注意事项

1. 整个操作过程不要用手接触层析纸，必须用镊子夹取。

2. 必须用铅笔画线。

3. 一根毛细管只能用于点一种样品。

4. 样点直径不得超过0.2 cm。

5. 点样完成后滤纸尽量卷成圆筒状，不要有折痕，缝线处纸的两边不要接触，避免溶剂沿两边移动特别快而造成溶剂前沿不齐。

6. 层析滤纸放入层析缸前，先将层析缸摇晃一下，使缸内充满层析液蒸气，提高层析效果。

7. 起始线必须在展开剂液面之上，层析纸不要接触层析缸内壁。

六、思考题

单独的氨基酸的 R_f 与在混合液中的该氨基酸的 R_f 是否相同，为什么？

3.3 油料作物中粗脂肪的提取

一、实验目的

1. 学习和掌握使用索氏（Soxhlet）提取器提取粗脂肪的原理及操作。

2. 学习和掌握用重量分析法对粗脂肪进行定量测定。

二、实验原理

脂肪是甘油和各种高级脂肪酸结合成的脂类化合物，能溶于有机溶剂。本法在索氏提取器中用有机溶剂（本实验用石油醚，沸程为30～60℃）对油料作物中的脂肪进行提取。用本法得到的提取物除脂肪外，还含有其他如游离脂肪酸、磷脂、酯、固醇、芳香油、某些色素及有机酸等脂溶性物质，因此提取物称为粗脂肪。由于本法采用沸点低于60℃的有机溶剂，此时样品中结合状态的脂类（脂蛋白）不能直接提取出来，所以该法又称为游离脂类定量测定法。

索氏提取装置是由平底烧瓶、提取管、冷凝器三部分组成的，提取管两侧分别有虹吸管和连接管。各部分连接处要严密不漏气。提取时，将待测样品包在脱脂滤纸包内，放入提取管内。平底烧瓶内加入石油醚。水浴加热平底烧瓶使石油醚气化，由连接管上升进入冷凝器，凝成液体滴入提取管内，浸提样品中的脂类物质。待提取管内石油醚液面达到一定高度，溶有粗脂肪的石油醚经虹吸管流入提取瓶。流入提取瓶内的石油醚继续被加热气化、上升、冷凝、滴入提取管内，如此循环往复，直到抽提完全为止。索氏提取装置是利用溶剂的回流及虹吸原理，使固体物质每次都被纯的热溶剂所萃取，减少了溶剂用量，缩短了提取时间，因而效率较高。

粗脂肪被抽提出来后，蒸去溶剂，干燥，称重，计算出样品中粗脂肪的百分含量。

三、实验用品

1. 仪器

索氏提取器（50 mL）、平底烧瓶、球型冷凝管、烘箱、研钵、恒温水浴锅、脱脂滤纸、脱脂棉线、镊子。

2. 药品

花生仁、石油醚（30～60℃）。

四、操作步骤

1. 将干净的花生仁放在 80～100℃烘箱中烘 3～4 h。待冷却后，置于研钵中研磨细。使用天平称取 10 g，用脱脂滤纸包成滤纸筒，用脱脂棉线系好，放入提取管中。注意，滤纸筒的高度要低于侧面虹吸管的高度。

2. 洗净平底烧瓶，烘干至恒重，记录重量。在烧瓶中加入石油醚，约达到其容积的一半。连接仪器，借助漏斗从冷凝管口再加入一部分石油醚至提取管中，高度至虹吸管高度的 2/3 处。先通入冷凝水，然后热水浴加热抽提，水温控制在 75～80℃，回流速度控制每秒 2～3 滴。抽提 2 h 左右，（本实验只提取部分油脂，若提取全部油脂约需 7～8 h）。

3. 取出滤纸包，继续加热，待提取管内石油醚液面接近虹吸管上端而未发生虹吸流入平底烧瓶前，倒出提取管中的石油醚。重复此操作，直到平底烧瓶中石油醚基本蒸尽，停止加热，取下平底烧瓶，用吹风机将瓶中残留乙醚吹尽，再置 103～105℃烘箱中烘半小时，取出置干燥器中冷至室温，称重，由平底烧瓶增加的重量可计算出样品的粗脂肪含量。

五、思考题

抽提时为什么不能用火焰直接加热，如果直接用火焰加热，可能会发生什么后果？

3.4　从茶叶中提取咖啡因

一、实验目的

1. 了解从茶叶中提取咖啡因的原理与方法。
2. 掌握索氏提取器的使用方法。
3. 学习升华原理及其操作技术。

二、实验原理

茶叶中含有多种生物碱，其主要成分为含量约 3%～5%的咖啡碱（又称咖啡因），并含有少量互为异构体的茶碱和可可碱。它们都是杂环化合物嘌呤的衍生物，其结构式及母核嘌呤的结构式如下：

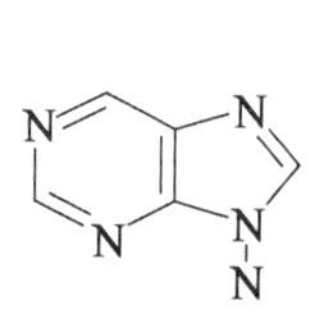

嘌呤

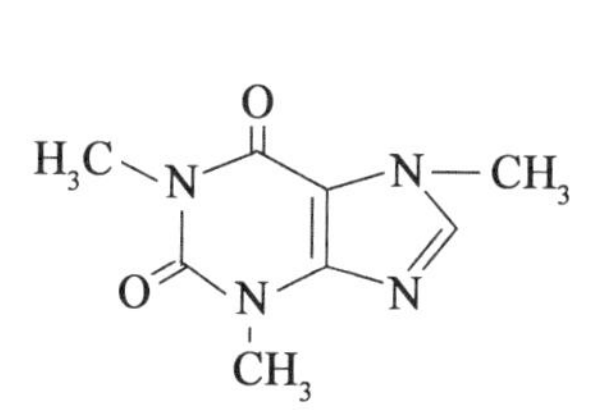

咖啡因（1,3,7—三甲基—2,6—二氧嘌呤）

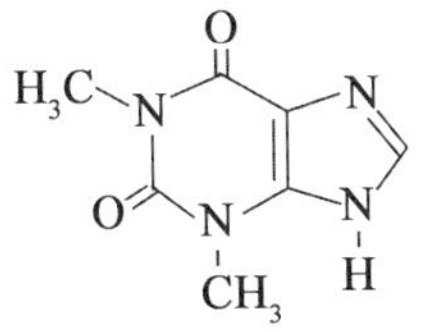

茶碱
（1,3—二甲基—2,6—二氧嘌呤）

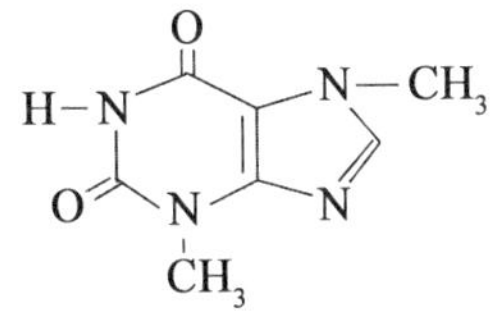

可可碱
（3,7—二甲基—2,6—二氧嘌呤）

此外，茶叶中还含有 11%～12% 的丹宁酸、0.6% 的色素、纤维素、蛋白质等。

含结晶水的咖啡因为无色针状结晶。易溶于水、乙醇、氯仿、丙酮；微溶于苯和乙醚，咖啡因在 100℃时失去结晶水并开始升华，120℃时升华相当显著，至 178℃时升华很快。无水咖啡因的熔点为 234.5℃。

为了提取茶叶中的咖啡因，本实验利用咖啡因易溶于乙醇、易升华等特点，以 95%乙醇作溶剂，通过索氏提取器进行连续提取，然后浓缩、焙炒得到粗咖啡因。粗咖啡因还含有其他一些生物碱和杂质，可通过升华提取得到纯咖啡因。

三、实验用品

1. 仪器

熔点仪、索氏提取器、电热套、表面皿、蒸发皿、漏斗、刮铲。

2. 药品

茶叶、95%乙醇、生石灰。

四、操作步骤

1. 称取 9 g 茶叶末，装入滤纸套筒中[1]，再将套筒小心地插入索氏提取器中。提取装置如图 3-1 所示。量取 80 mL 95%乙醇加入烧杯中，加几粒沸石，安装好提取装置[2]。用电热套加热，连续提取 2～3 h，此时提取液颜色已经较淡，待提取液刚刚虹吸流回烧瓶时，立即停止加热。

2. 稍冷后，将提取装置改装成蒸馏装置，重新加入几粒沸石，进行蒸馏，蒸出大部分乙醇（要回收）[3]。趁热将烧瓶中的残液（约 5～10 mL）倒入表面皿中，加入约 2 g 研细的生石灰粉[4]使成糊状，于蒸汽浴上将溶剂蒸干，其间要用玻璃棒不断搅拌，并压碎块状物。再将固体颗粒转移到蒸发皿中，放在电热套上小心地将固体焙炒至干（电热套温度控制在 200℃左右）。

3. 冷却后，擦去沾在蒸发皿边上的粉末，以免在升华时污染产物。蒸发皿上覆盖一张刺有许多小孔的滤纸，滤纸上再扣一只口径合适的玻璃漏斗，小心地加热升华[5]（电热套温度控制在 250℃左右）。升华装置如图 3-2 所示。若漏斗上有水汽则用滤纸擦干，当滤纸上出现许多白色毛状结晶时，暂停加热，让其自然冷却至 100℃左右。小心取下漏斗，揭开滤纸，用刮铲将滤纸反正面和器皿周围的咖啡因晶体刮下。残渣经拌和后可再次升华。合并两次收集的咖啡因，称重并测定熔点。

注释：

[1]滤纸套大小既要紧贴器壁，又要能方便取放，其高度不得超过虹吸管；滤纸包茶叶末时要严密，防止漏出堵塞虹吸管；纸套上面折成凹形，以保证回流液均匀浸润被萃取物。

[2]索氏提取器的虹吸管极易折断，安装和拆卸装置时必须特别小心。

[3]烧瓶中乙醇不可蒸得太干，否则残液很黏，转移时损失较大。

[4]生石灰起吸水和中和的作用，以除去部分酸性杂质，还作为载体以利于后面的升华操作。

[5]在萃取回流充分的情况下，升华操作是实验成功的关键。升华过程中，始终都需要控制升华的温度。如温度太高，会使产物发黄。

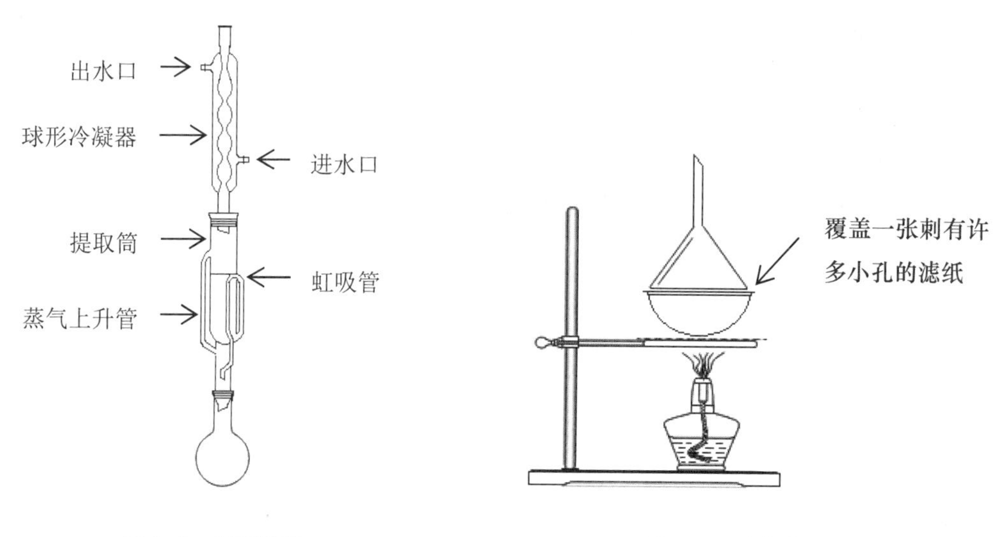

图 3-1　提取装置　　图 3-2　升华装置

五、思考题

1. 索氏提取器的原理是什么？它与直接用溶剂回流提取比较有何优点？
2. 为什么从茶叶中提出的咖啡因有绿色光泽？
3. 升华法提取物质有何优点和局限性？
4. 升华前加入生石灰起什么作用？
5. 为什么在升华操作中，加热温度一定要控制在被升华物熔点以下？
6. 为什么升华前要将水分除尽？

3.5　从肉桂皮中提取肉桂油及其主要成分的鉴定

一、实验目的

1. 学习从天然产物中提取有效成分的一般方法。
2. 掌握水蒸气蒸馏的原理及操作方法。

3. 学习并掌握官能团定性、薄层色谱法等在有机化合物鉴定中的应用。

二、实验原理

植物的香精油一般存在于植物的根、茎、叶、籽和花中，大部分是易挥发性的物质，因此可以用水蒸气蒸馏的方法加以分离，其他的分离方法还有萃取法和榨取法。水蒸气蒸馏是将水蒸气通入不溶于水的有机物中或使有机物与水经过共沸而蒸出的操作过程。水蒸气蒸馏是分离和纯化与水不相混溶的挥发性有机物常用的方法。根据道尔顿分压定律：当水与有机物混合共热时，其总蒸气压为各组分分压之和，即：

$$p=p_A+p_B$$

其中 p 代表总的蒸气压，p_A 为水的蒸气压，p_B 为与水不相混溶的物质的蒸气压。当总蒸气压 p 与大气压力相等时，则液体沸腾。有机物可在比其沸点低得多且低于 100 ℃的温度下随蒸气一起蒸馏出来，这样的操作就叫作水蒸气蒸馏。此法特别适用于分离那些在其沸点附近易分解的物质；也适用于从不挥发物质或不需要的树脂状物质中分离出所需的组分。蒸馏时混合物的沸点保持不变。直至其中一组分几乎完全移去（因总的蒸气压与混合物中二者间的相对量无关），温度才上升至留在瓶中液体的沸点。

肉桂皮中香精油的主要成分是肉桂醛（反—3—苯基丙烯醛）。肉桂醛为略带浅黄色油状液体，沸点为 252℃。它难溶于水，易溶于苯、丙酮、乙醇、二氯甲烷、氯仿、四氯化碳等有机溶剂。肉桂醛易被氧化，长期放置，经空气中的氧慢慢氧化成肉桂酸。肉桂醛能随水蒸气一起蒸发。因此本实验将用水蒸气蒸馏的方法提取肉桂油。

根据肉桂醛的结构特点，利用其易发生氧化、加成反应等性质进行官能团的定性鉴定。这种方法具有操作简单、反应快等特点，对化合物鉴定非常有效。

本实验选用肉桂皮水蒸气蒸馏液和试剂肉桂醛样品进行对照实验，计算比移值（R_f）作为鉴定肉桂油主要组成结构的依据。

三、实验用品

1. 仪器

圆底烧瓶（500 mL、250 mL）、电热套、蒸馏头、温度计、直型冷凝管、真空接收器、酒精灯、T 形管、三通管、水蒸气导入管、蒸馏瓶（50 mL）、玻璃板（3 cm×10 cm）、研钵、滴管、试管、螺旋夹、点样用毛细管（1 mm）、镊子、喷雾器、量筒（100 mL、10 mL）、表面皿、锥形瓶（100 mL、50 mL）、展开缸（高 12 cm、内径 5.5 cm）、烧杯（100 mL、200 mL）、水蒸气发生器、烘箱。

2. 药品

肉桂皮粉、肉桂醛（AR）、2,4—二硝基苯肼、石油醚、展开剂（乙酸乙酯:石油醚=2:8）、硅胶 G（AR）、液体石蜡、10%NaOH、0.5%$KMnO_4$、CCl_4（AR）、5%$AgNO_3$、3%Br_2-CCl_4。

3. 其他

沸石、滤纸、酒精棉球。

四、操作步骤

1. 水蒸气蒸馏实验装置的安装

常用水蒸气蒸馏的简单装置如图 3-3 所示。依序安装水蒸气发生器 A、圆底烧瓶 D、冷凝管、接液管和接收瓶 H 等。水蒸气发生器，通常盛水量以其容积的 3/4 为宜。如果太满，沸腾时水将冲至烧瓶。安全玻璃管 B 几乎插到发生器的底部。当容器内气压太大时，水汽沿着玻璃管上升，以调节内压。如果系统发生阻塞，水便会从管的上口喷出。此时应检查导管是否被阻塞。发生器的支管和水蒸气导管之间用一个 T 形管 G 相连接。在 T 形管的支管上套一段短橡皮管，用螺旋夹旋紧，它可以用来除去水蒸气中冷凝下来的水分。在操作中，如果发生不正常现象，应立刻打开夹子，使与大气相通。

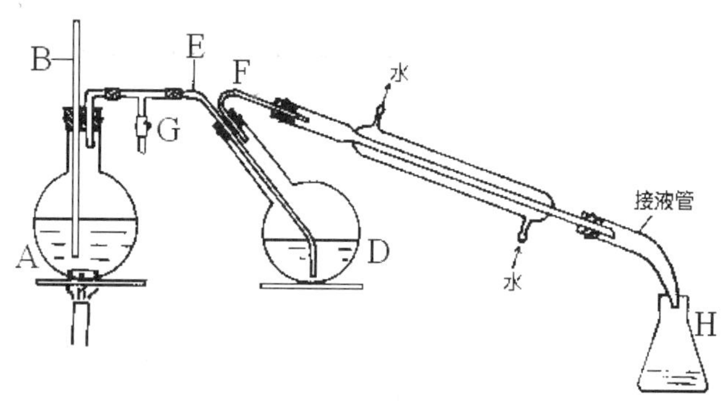

图 3-3　水蒸气蒸馏装置

蒸馏部分通常是用 500 mL 以上的长颈圆底烧瓶。为了防止瓶中液体因跳溅而冲入冷凝管内，故将烧瓶的位置向发生器的方向倾斜 45°。瓶内液体不宜超过其容积的 1/3。蒸汽导入管 E 的末端应弯曲，使之垂直地正对瓶底中央，并伸到接近瓶底。蒸汽导出管 F（弯角约 30°）孔径最好比管 E 大一些，一端插入双孔木塞，露出约 5 mm，另一端和冷凝管连接。馏出液通过接液管进入接收器 H。接收器外围可用冷水冷却。

2. 从肉桂皮中提取肉桂油

在水蒸气发生器中装入 3/4 热水，加入 1～2 粒沸石，安装好安全管。同时在圆底烧瓶中加入 8 g 磨碎的肉桂皮粉末和 40 mL 热水，安装好水蒸气蒸馏装置，通入冷凝水。开始加热，当水蒸气大量生成时关闭螺旋夹，使蒸气通入圆底烧瓶中进行提取。蒸馏速度控制在每秒 1～2 滴为宜。当收集 30～40 mL 肉桂油馏出液时停止蒸馏，备用。

停止蒸馏时，先打开螺旋夹，再停止加热，关闭冷凝水，拆除仪器。

3. 肉桂油的定性鉴定

（1）羰基的鉴定

取一支试管，加入 1 mL 2,4—二硝基苯肼溶液，不断振荡下，逐滴加入肉桂油馏出液，直至橙红色沉淀生成为止。

（2）醛基的鉴定

在一支洁净的试管中，加入 1 mL 5% $AgNO_3$ 溶液和 1 滴 10% NaOH 溶液，立即生成棕色沉淀，不断振荡下，逐滴加入浓 $NH_3·H_2O$，直至沉淀恰好溶解为止。

在制得的上述溶液中加入 2～3 滴肉桂油馏出液，振荡后在水浴中加热，观察银镜的生成。

（3）双键的鉴定

取一支试管，加入 3～4 mL 肉桂油馏出液和 1 mL CCl_4 溶液，剧烈震荡后静止。待分为两层后，用吸管小心的吸取上层的水层，然后在 CCl_4 层中加入 2～3 滴 Br_2-CCl_4 溶液，振荡后放置，观察溶液的颜色变化。

（4）双键及醛基的鉴定

取一支试管，加入 3～4 mL 肉桂油馏出液，逐滴加入 4～5 滴 0.5% $KMnO_4$ 溶液，边加边振荡试管，并注意观察溶液的变化。在水浴中稍微温热，观察棕黑色沉淀的生成。

4. 肉桂油的薄层色谱法

（1）薄层板的制备

称取 3 g 硅胶 G（硅胶+13% $CaSO_4$）于研钵中，加入约 7 mL 蒸馏水，立即充分研磨成均匀糊状，分别倒在两块备好的玻璃板上，迅速用研钵棒涂布整块板面，摇荡，以使硅胶 G 均匀地涂布在玻璃板上。将涂好的玻璃板晾干，再放入 105～110℃烘箱中活化 30 min，取出后冷却备用。

（2）点样

样品准备：由于肉桂油馏出液浓度极稀，故取 8～10 mL 馏出液于一支大试管中，并加入 2～3 mL 石油醚进行萃取，振荡静置分层后，用毛细管取上层萃取液点样。

距薄板一端 1.0 cm 处作为起点线，用一根毛细管吸取适量的萃取液样品，于起点线上轻轻点样，点样斑点直径要小于 2 mm；再用另一根毛细管吸取适量试剂肉桂醛水蒸气蒸馏液样品（制备方法：取 4～5 滴肉桂醛试剂，放于 250 mL 蒸馏瓶中，加入 100 mL 蒸馏水，常压蒸出，取不带油珠的液体即可使用）平行点样，两点相距 1 cm 左右。

（3）展开

向展开缸中加入约 10 mL 展开剂，盖好缸盖并摇动，使其为蒸气所饱和。将点好样品的薄板的点样一端向下倾斜置于展开缸中（勿使样品浸入展开剂中），盖好缸盖。当溶剂前沿上升至距薄板的上端 1 cm 时，取出薄板，在前沿处划一直线，晾干。

（4）显色

待薄板自然晾干后，用 2,4—二硝基苯肼溶液喷雾显色，开始可见两个浅黄色斑点出现，稍放置后，斑点变为橘黄色。

（5）计算 R_f 值

分别测量起始线至每个斑点间和起始线至溶剂前沿的距离，计算各种样品的 R_f 值。

五、思考题

1. 为什么可以采取水蒸气蒸馏的方法提取肉桂油？用水蒸气蒸馏有机物有哪些优点？

2. 从肉桂皮提取的肉桂油的主要成分是何种化合物？是通过哪些方法进行确定的？该化合物具有哪些主要化学性质？

3. 试设计利用薄层色谱来确定肉桂油主要成分的实验方案。

3.6　用水蒸气蒸馏法从烟叶中提取烟碱

一、实验目的

1. 进一步学习水蒸气蒸馏法分离提纯有机物的基本原理和操作技术
2. 了解生物碱的提取方法及其一般性质。

二、实验原理

烟碱又名尼古丁，是烟叶的一种主要生物碱，其结构式为：

N　N　CH_3

烟碱是含氮的碱性物质，很容易与盐酸反应生成烟碱盐酸盐而溶于水。在提取液中加入强碱 NaOH 后可使烟碱游离出来。游离烟碱在 100℃左右具有一定的蒸气压（约 1 333 Pa），因此，可用水蒸气蒸馏法分离提取。实验原理见实验 3.5。

烟碱具有碱性，可以使红色石蕊试纸变蓝，也可以使酚酞试剂变红。可被 $KMnO_4$ 溶液氧化生成烟酸，与生物碱试剂作用产生沉淀。

三、实验用品

1. 仪器

水蒸气发生器、长颈圆底烧瓶、直形冷凝管、球形冷凝管、锥形瓶、烧杯、蒸气导出、导入管、T 形管、螺旋夹、馏出液导出管、玻璃管、电热套、接液管

2. 药品

10% HCl、40% NaOH、0.5% HAc、0.5% $KMnO_4$、5% Na_2CO_3、0.1% 酚酞、饱和苦味酸、碘化汞钾。

3. 其他

烟叶、红色石蕊试纸。

四、操作步骤

1. 烟碱的提取

称取烟叶 5 g 于 100 mL 圆底烧瓶中，加入 10% HCl 溶液 50 mL，装上球形冷凝管，沸腾回流 20 min。待瓶中反应混合物冷却后倒入烧杯中，在不断搅拌下慢慢滴加 40%NaOH 溶液至呈明显的碱性（用红色石蕊试纸检验）。然后将混合物转入 250 mL 长颈圆底烧瓶中，安装好水蒸气蒸馏装置进行水蒸气蒸馏，如图 3-3。收集约 20 mL 提取液后，停止烟碱的提取。

2. 烟碱的一般性质

（1）碱性试验：取一支试管，加入 10 滴烟碱提取液，再加入 1 滴 0.1%酚酞试剂，振荡，观察有何现象。

（2）烟碱的氧化反应：取一支试管，加入 20 滴烟碱提取液，再加入 1 滴 0.5%$KMnO_4$ 溶液和 3 滴 5%Na_2CO_3 溶液，摇动试管，微热，观察溶液颜色是否变化，有无沉淀产生。

（3）与生物碱试剂反应：取一支试管，加入 10 滴烟碱提取液，然后逐滴滴加饱和苦味酸，边加边摇，观察有无黄色沉淀生成；另取一支试管，加入 10 滴烟碱提取液和 5 滴 0.5%HAc 溶液，再加入 5 滴碘化汞钾试剂，观察有无沉淀生成。

五、思考题

1. 为何要用盐酸溶液提取烟碱？
2. 水蒸气蒸馏提取烟碱时，为何要 40%NaOH 溶液中和至呈明显的碱性？
3. 与普通蒸馏相比，水蒸气蒸馏有何特点？

3.7　菠菜色素的提取和分离

一、实验目的

1. 通过绿色植物色素的提取和分离，了解天然物质分离提纯方法。
2. 通过柱色谱和薄层色谱分离操作，加深了解微量有机物色谱分离鉴定的原理。

二、实验原理

绿色植物（如菠菜）叶中含有叶绿素（绿）、胡萝卜素（橙）和叶黄素（黄）等多种天然色素。叶绿素存在两种结构相似的形式即叶绿素 a（$C_{55}H_{72}O_5N_4Mg$）和叶绿素 b（$C_{55}H_{70}O_6N_4Mg$），其差别仅是叶绿素 a 中一个甲基被甲酰基所取代从而形成了叶绿素 b。它们都是吡咯衍生物与金属镁的络合物，是植物进行光合作用所必需的催化剂。植物中叶绿素 a 的含量通常是叶绿素 b 的三倍。尽管叶绿素分子中含有一些极性基团，但大的烃基结构使它易溶于醚、石油醚等一些非极性的溶剂。

胡萝卜素（$C_{40}H_{56}$）是具有长链结构的共轭多烯。它有三种异构体，即 α-胡萝卜素、β-胡萝卜素和 γ-胡萝卜素，其中 β-胡萝卜素含量最多，也最重要。在生物体内，β-胡萝卜素受酶催化氧化形成维生素 A。目前 β-胡萝卜素已可进行工业生产，可作为维生素 A 使用，也可作为食品工业中的色素。

叶黄素（$C_{40}H_{56}O_2$）是胡萝卜素的羟基衍生物，它在绿叶中的含量通常是胡萝卜素的两倍。与胡萝卜素相比，叶黄素较易溶于醇而在石油醚中溶解度较小。

三、实验用品

新鲜菠菜、石油醚、乙酸乙酯、丙酮、甲醇、硅胶 G、中性氧化铝。

四、操作步骤

1. 菠菜色素的提取

取 2 g 新鲜菠菜叶，与 10 mL 甲醇拌匀研磨 5 min，弃去滤液。残渣用 10 mL 的石油醚 -甲醇（3:2）混合液进行提取，共提取两次。合并液用水洗后弃去甲醇层，石油醚层进行干燥、浓缩。

2. 薄层层析

将上述的浓缩液点在硅胶 G 的预制板上，分别用石油醚－丙酮（8:2）和石油醚－乙酸乙酯（6:4）两种溶剂系统展开，经过显色后，进行观察并计算比移值。

3. 柱层析

取 3 g 中性氧化铝进行湿法装柱。填料装好后，从柱顶加入上述浓缩液，用石油醚－丙酮（9:1）、石油醚－丙酮（7:3）和正丁醇—乙醇—水（3:1:1）进行洗脱，依次接收 4 个色素带，即得胡萝卜素（橙黄色溶液）、叶黄素（黄色溶液）、叶绿素 a（蓝绿色溶液）以及叶绿素 b（黄绿色溶液）。

五、思考题

试比较叶绿素、叶黄素和胡萝卜素三种色素的极性，为什么胡萝卜素在层析柱中移动快？

附：薄层色谱

一、原理

薄层色谱（Thin Layer Chromatography）常用 TLC 表示，又称薄层层析，属于固－液吸附色谱。样品在薄层板上的吸附剂（固定相）和溶剂（移动相）之间进行分离。由于各种化合物的吸附能力各不相同，在展开剂上移时，它们进行不同程度的解吸，从而达到分离的目的。

二、薄层色谱的用途

1. 化合物的定性检验（通过与已知标准物对比的方法进行未知物的鉴定）

在条件完全一致的情况，纯碎的化合物在薄层色谱中呈现一定的移动距离，称比移值（R_f值），所以利用薄层色谱法可以鉴定化合物的纯度或确定两种性质相似的化合物是否为同一物质。但影响比移值的因素很多，如薄层的厚度，吸附剂颗粒的大小，酸碱性，活性等级，外界温度和展开剂纯度、组成、挥发性等。所以，要获得重现的比移值就比较困难。为此，在测定某一试样时，最好用已知样品进行对照。

$$R_f=\frac{\text{溶质最高浓度中心至原点中心的距离}}{\text{溶剂前沿至原点中心的距离}}$$

2. 快速分离少量物质

可快速分离几十微克到几微克，甚至 0.01 μg 的物质。

3. 跟踪反应进程

在进行化学反应时，常利用薄层色谱观察原料斑点的逐步消失，来判断反应是否完成。

4. 化合物纯度的检验

只出现一个斑点，且无拖尾现象，为纯物质。此法特别适用于挥发性较小或在较高温度易发生变化而不能用气相色谱分析的物质。

三、实验装置（图 3-4）

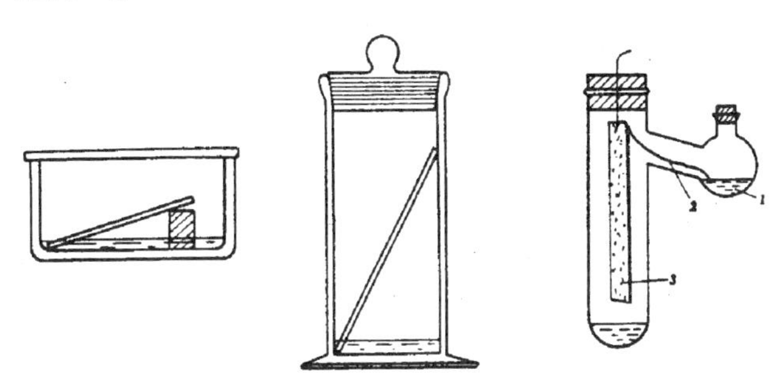

图 3-4 薄层板在不同的层析缸中展开的方式

四、操作步骤

1. 吸附剂的选择

薄层色谱的吸附剂最常用的是氧化铝和硅胶。其中硅胶有：

硅胶 H—不含黏合剂；

硅胶 G—含煅石膏黏合剂。

其颗粒大小一般为 260 目以上。颗粒太大，展开剂移动速度快，分离效果不好；反之，颗粒太小，溶剂移动太慢，斑点不集中，效果也不理想。

化合物的吸附能力与它们的极性成正比，具有较大极性的化合物吸附较强，因而 R_f 值较小。常见化合物的极性大小如下：

酸和碱>醇、胺、硫醇>酯、醛、酮>卤代物、醚>芳香族化合物>烯>饱和烃

2. 薄层板的制备（湿板的制备）

薄层板制备的好坏直接影响色谱的结果。薄层应尽量均匀且厚度要固定。否则，在展开时前沿不齐，色谱结果也不易重复。方法：在烧杯中放入 2 g 硅胶 G，加入 5～6 mL 0.5%的羧甲基纤维素钠水溶液，调成糊状。将配制好的浆料倾注到清洁干燥的载玻片上，拿在手中轻轻地左右摇晃，使其表面均匀平滑，在室温下晾干后进行活化。

3. 薄层板的活化

将涂布好的薄层板置于室温凉干后，放在烘箱内加热活化，活化条件根据需要而定。硅胶板一般用烘箱渐渐升温，维持 105～110℃活化 30 min。氧化铝板在 200℃烘 4 h 可得到活性为Ⅱ级的薄板，在 150～160℃烘 4 h 可得活性为Ⅲ～Ⅳ级的薄板。活化后的薄层板放在干燥器内保存待用。

4. 点样

先用铅笔在距薄层板一端 1 cm 处轻轻划一横线作为起始线，然后用毛细管吸取样品，在起始线上小心点样，斑点直径一般不超过 2 mm。若因样品溶液太稀，可重复点样，但应待前次点样的溶剂挥发后方可重新点样，以防样点过大，造成拖尾、扩散等现象，而影响分离效果。若在同一板上点几个样，样点间距离应为 1cm。点样要轻，不可刺破薄层。

5. 展开

薄层色谱的展开，需要在密闭容器中进行。为使溶剂蒸气迅速达到平衡，可在展开槽内衬一滤纸。在层析缸中加入配好的展开溶剂，使其高度不超过 1 cm。将点好的薄层板小心放入层析缸中，点样一端朝下，浸入展开剂中。盖好瓶盖，观察展开剂前沿上升到一定高度时取出，尽快在板上标上展开剂前沿位置。晾干，观察斑点位置，计算 R_f 值。

6. 显色

被分离物质如果是有色组分，展开后薄层色谱板上即呈现出有色斑点。

如果化合物本身无色，则可用碘蒸气熏的方法显色。还可使用腐蚀性的显色剂如浓硫酸、浓盐酸和浓磷酸等。

对于含有荧光剂的薄层板在紫外光下观察，展开后的有机化合物在亮的荧光背景上呈暗色斑点。

3.8　苯甲酸的重结晶

一、实验目的

1. 了解重结晶原理，初步学会用重结晶方法提纯固体有机化合物。
2. 掌握热过滤和抽滤操作。

二、实验原理

无论天然的还是制备的固体有机物都含有杂质——副产物、没反应的原料、催化剂等，除去这些杂质最有效的方法就是重结晶。重结晶的原理是把固体有机物溶解在热的溶剂中使之饱和，冷却时由于溶解度降低，有机物又重新析出晶体——利用溶剂对被提纯物质及杂质的溶解度不同，使被提纯物质从过饱和溶液中析出。让杂质全部或大部分留在溶液中，从而达到提纯的目的。

重结晶只适宜杂质含量在 5% 以下的固体有机混合物的提纯。从反应粗产物直接重结晶是不适宜的，必须先采取其他方法初步提纯，然后再进行重结晶提纯。

三、实验用品

1. 仪器

量筒（100 mL）、烧杯（150 mL）、吸滤瓶（250 mL）、锥形瓶（150 mL）、布氏漏斗、表面皿、温度计（200℃）。

2. 药品

苯甲酸（粗品）、活性炭。

四、操作步骤

1. 制饱和溶液

称取 1.5 g 苯甲酸粗品，放在 150 mL 的锥形瓶中，加水 80 mL，放入几粒沸石，在石棉网上加热至沸腾，并用玻璃棒不断搅拌，使固体溶解。若有未溶的固体，用滴管每次加入热水 3～5 mL，直至全部溶解。移开热源，冷却 3～5 min。若溶液含有色杂质，加入少量活性炭（活性炭绝对不能加到正在沸腾的溶液中，否则会引起爆沸，使溶液逸出），再加热微沸 5 min（若溶剂蒸发太多可补充少量水）。

2. 热过滤

趁热用布氏漏斗过滤，除去活性炭和不溶性杂质。每次倒入漏斗的溶液不要太满。盛剩余溶液的锥形瓶放在石棉网上继续用小火加热，以防结晶析出。溶液过滤之后用少量热水洗涤锥形瓶和滤纸。

还可以用热水漏斗趁热过滤。预先加热漏斗，叠菊花滤纸，用锥形瓶接收滤液。若用有机溶剂，过滤时应先熄灭火焰或使用挡火板。

3. 结晶、分离和洗涤

过滤完毕，将滤液冷至室温后再用冷水冷却使结晶完全。结晶完成后用布氏漏斗过滤，滤纸先用少量冷水湿润抽紧，将晶体和母液分批倒入漏斗中，抽滤后，用玻璃塞挤压晶体，使母液尽量除净，然后拔开吸滤瓶上的橡皮管，停止抽气。

4. 称量、计算回收率

用药勺轻轻刮动晶体（注意：不要把滤纸刮破），将晶体刮到已称重过的干燥表面皿上，摊薄在空气中晾干。待产品干燥后称重，计算回收率。

五、思考题

1. 在加热溶解粗产品时，为什么先加入比计算量少的溶剂，然后再每次少量地渐渐加至固体恰好溶解，最后再加少量溶剂？

2. 在进行抽滤时，关水泵之前为什么要拔开抽滤瓶上的橡皮管使之通大气？

3. 为什么热过滤时用少量热水洗涤盛饱和溶液的锥形瓶和滤纸，而用布氏漏斗过滤晶体时是用少量冷水洗涤？

3.9　硫酸铜的提纯

一、实验目的

1. 加深对分离提纯基本原理的离解，熟悉相关基本操作。

2. 设计方案提纯粗品硫酸铜。

二、实验原理

粗硫酸铜晶体中含有不溶性的杂质和以硫酸亚铁、硫酸铁为主的可溶性杂质。不溶性杂质可以将硫酸铜溶于水后过滤除去。可溶性杂质可以用化学方法除去，在 0.01 $mol \cdot L^{-1}$ 的 Fe^{2+}、Fe^{3+}溶液中 $Fe(OH)_2$ 和 $Fe(OH)_3$ 分别于 pH 等于 7.5 和 2.3 时开始沉淀，在 pH 等于 9.7 和 4.1 时沉淀完全。

三、实验用品

1 $mol \cdot L^{-1}$ H_2SO_4、1 $mol \cdot L^{-1}$ NaOH、3% H_2O_2、粗硫酸铜。

四、实验步骤

1. 称取 3 g 硫酸铜加入 25 mL 水溶解。
2. Fe^{2+}转化成 Fe^{3+}：向溶液中滴加 4 mL 3% H_2O_2 边滴加边加热，注意不要沸腾。
3. 沉淀：向溶液中滴加 0.5 $mol \cdot L^{-1}$ 的 NaOH，调节 pH≤4，再加热到沸腾。
4. 过滤：采用倾注法过滤。
5. 酸化：用 1 $mol \cdot L^{-1}$ 的 H_2SO_4 调节 pH 到 1～2。
6. 蒸发浓缩：蒸发溶液到液面有薄层晶体析出时冷却，减压过滤得硫酸铜晶体，称重。
7. 计算产率：Y=（硫酸铜晶体/粗硫酸铜晶体）× 100%

五、注意事项

以下原因可能导致误差：

（1）NaOH 加入过多，使 Cu^{2+}转化成 $Cu(OH)_2$ 沉淀，过滤除去。

（2）调节 pH 过低，沉淀不完全。

第 4 章　定量分析

4.1　分析天平的称量练习

一、实验目的

1. 学会正确使用电子天平。
2. 掌握差减法称量的操作及注意事项。

二、实验原理

对于一些不易吸水，在空气中稳定、无腐蚀性的物品，可采用直接称量法称量。而对一些易吸水、易氧化、易吸收气态二氧化碳等的物品时，则应采用差减法称量。其原理及操作方法参阅本节所附电子天平简介。

三、实验用品

1. 仪器

电子天平、称量瓶。

2. 药品

土样。

四、操作步骤

1. 直接称量法

称量空称量瓶的重量。将数据记录于表 4-1 中。

表 4-1　直接称量数据

称量项目	I	II	III
砝码质量/g			
空称量瓶质量/g			

2. 差减称量法

称取试样或基准试剂，一般采用减量法。用纸条套住已装试样的称量瓶，在分析天平上准确称量。然后，将称量瓶置于准备盛放试样的容器上方，用右手将瓶盖轻轻打开，慢慢将称量瓶向下倾斜，用盖轻敲瓶口，小心地使试样落入容器中，不要散落在容器外。当倒出的试样估计接近所需量时，仍在容器上方，一面用盖轻轻敲打称量瓶，一面将称量瓶慢慢竖起，使黏在瓶口内壁或边上的试样落入称量瓶或容器中，盖好瓶盖，再准确称量。两次质量之差，即为试样的质量。这种称样方法叫减量法。如果试样倒得过少，可以按上述操作补加，重新准确称量。称好后将容器盖上表面皿，以免落入尘土等杂质。

称取一个试样，不宜反复多次倒出，这样易引进误差，对于吸湿强的试样更不宜如此。如果倒出的试样过多，只好将倒出的试样废弃，重新称取。

如果同时要称取 2～3 份试样，可将所需量一次放入称量瓶中，连续称取。

按上述方法称量土样样品约 0.5 g 精确至 0.000 1 g。

五、数据处理

将称量数据记录于表 4-2 中。

表 4-2　称样数据

称量项目	I	II
空称量瓶质量 m_0/g		
称量瓶+土样质量 m_1/g		
倾出部分样品后称量瓶+土样质量 m_2/g		
倾出土样质量 $m=(m_1-m_2)$/g		
称量瓶及倾入土样质量 m_3/g		
称量瓶中土样质量 $m'=(m_3-m_0)$/g		
操作结果检验 $m-m'$/g		

六、思考题

本次实验用的天平可读到小数点后几位（以克作单位）？

附：电子天平简介

电子天平利用电子装置完成电磁力补偿的调节，使物体在重力场中实现力的平衡，或通过电磁力矩的调节，使物体在重力场中实现力矩的平衡。电子天平一般具有自动调零、自动校准、自动去皮和自动显示称量结果等功能。电子天平达到平衡时间短，使称量更加快速。

一、电子天平的使用

下面以岛津 AUY120 型电子天平为例，简要说明电子天平的使用步骤。

在测定前进行充分的设备预热（至少 1 h）

1. 按下【POWER】键，经过短暂自检后，显示屏应显示稳定标志“→”，并显示“0.0000g”。如果不是显示“0.0000g”，则要按一下【O/T】键。

2. 将被称物轻轻放在称盘上，关闭玻璃门。这时可见显示屏上的数字不断变化，待数字稳定后，即可读数，并记录称量结果。

3. 称量完毕，取下被称物，按一下【OFF】键关闭天平。

二、电子天平的维护与保养

1. 将天平置于稳定的工作台上，避免振动、气流及阳光照射。

2. 在使用前调整水平仪气泡至中间位置。

3. 电子天平应按说明书的要求进行预热。

4. 称量易挥发和具有腐蚀性的物品时，要盛放在密闭的容器中，以免腐蚀和损坏电子天平。

5. 经常对电子天平进行自校或定期外校，保证其处于最佳状态。

6. 如果电子天平出现故障应及时检修，不可带“病”工作。

7. 操作天平不可过载使用以免损坏天平。

8. 若长期不使用，应暂时收好电子天平。

4.2　酸碱标准溶液配制、标定和比较滴定

4.2.1　盐酸标准溶液的配制及标定

一、实验目的

1. 掌握间接法配制 HCl 标准溶液的方法。

2. 学习以无水 Na_2CO_3 作基准物质标定 HCl 溶液的原理及方法。

二、实验原理

盐酸易挥发放出 HCl 气体，故它不能用直接法配制标准溶液，只能用间接法配制，然后用基准物质标定其准确浓度。经常用来标定 HCl 溶液的基准物质有无水 Na_2CO_3 和 $Na_2B_4O_7 \cdot 10H_2O$（硼砂）。本实验采用无水 Na_2CO_3 为基准物质来标定，选用甲基橙指示剂，滴定反应为：

$$Na_2CO_3 + 2HCl = 2NaCl + H_2O + CO_2\uparrow$$

三、实验用品

1. 仪器

电子天平、称量瓶、250 mL 锥形瓶、酸式滴定管。

2. 药品

无水 Na_2CO_3、浓 HCl、甲基橙指示剂。

四、实验步骤

1. 配制 HCl 溶液

用量筒量取 4.0 mL 浓 HCl，置于磨口试剂瓶中，稀释至 400 mL，盖好瓶塞，充分摇匀，

贴好标签备用。

2. HCl 标准溶液的标定

在分析天平上用差减法准确称取 0.1～0.15 g（准确至±0.1 mg）无水 Na_2CO_3 三份，分别置于 250 mL 的锥形瓶中，加入少许蒸馏水，溶解后加入 1～2 滴甲基橙指示剂，用 0.1 mol·L^{-1} 的 HCl 滴定至溶液由黄色变为橙色，记录所消耗 HCl 溶液的体积。滴定装置如图 4-1 所示。HCl 溶液浓度按下式计算：

$$c(\mathrm{HCl})=\frac{2\times m(\mathrm{Na_2CO_3})}{M(\mathrm{Na_2CO_3})\times V(\mathrm{HCl})}$$

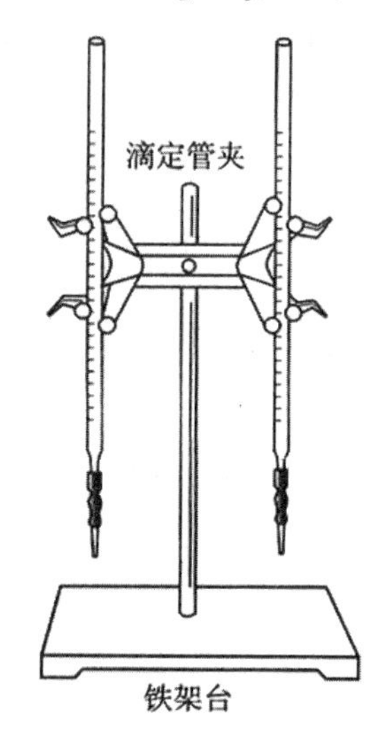

图 4-1　滴定装置示意图

4.2.2　氢氧化钠标准溶液的标定

一、实验目的

1. 学习用邻苯二甲酸氢钾作基准物质标定氢氧化钠溶液的原理及方法。
2. 进一步熟练滴定操作。

二、实验原理

邻苯二甲酸氢钾（$KHC_8H_4O_4$，摩尔质量为 204.2 g·mol^{-1}）摩尔质量大，易纯化，且不易吸收水分，是标定碱的一种良好的基准物质。用其标定 NaOH 溶液时，可用酚酞作指示剂指示滴定终点，滴定反应式为：

$$\mathrm{KHC_8H_4O_4+NaOH=KNaC_8H_4O_4+H_2O}$$

三、实验用品

1. 仪器

电子天平、称量瓶、250mL 锥形瓶、碱式滴定管。

2. 药品

邻苯二甲酸氢钾、NaOH 溶液、酚酞指示剂。

四、实验步骤

1. 称量基准物

在分析天平上用差减法准确称取邻苯二甲酸氢钾三份，每份________ g（自己计算），分别置于三个已编号的 250 mL 锥形瓶中，加 50 mL 蒸馏水（最好是用煮沸过的中性水），温热使之溶解，冷却。加 1～2 滴酚酞指示剂。

2. 标定 NaOH 溶液

分别用待标定的 NaOH 溶液滴定至上述溶液由无色变为微红色，30 s 内不褪色，即为终点。记录所耗 NaOH 溶液的体积，NaOH 溶液浓度按下式计算：

$$c(\mathrm{NaOH})=\frac{m(\mathrm{KHC_8H_4O_4})}{M(\mathrm{KHC_8H_4O_4})\times V(\mathrm{NaOH})}$$

4.2.3　酸碱溶液的比较滴定

一、实验目的

1. 学习酸（碱）式滴定管的洗涤和滴定操作方法。
2. 掌握酸碱滴定终点的正确判断；通过比较滴定求出滴定终点时酸、碱溶液的体积比。

二、实验原理

酸碱反应达到理论终点时，$c_1V_1=c_2V_2$，在误差允许的情况下，根据酸碱溶液的体积比，只要标定其中任意一种溶液的浓度，即可计算出另一溶液的准确浓度。

三、实验用品

1. 仪器

酸式滴定管、碱式滴定管、250 mL 锥形瓶。

2. 药品

HCl 溶液、NaOH 溶液、甲基橙指示剂。

四、实验步骤

1. 将酸（碱）式滴定管分别装好“标液”至零刻度线以上，并调整液面至“0.00”刻度附近，准确记录初读数。

2. 由碱管放出 20 mL（读准至 0.01 mL）的 NaOH 溶液至锥形瓶中，加 1～2 滴甲基橙，用 HCl 溶液滴定至溶液由黄色变成橙色（若变成红色，再用 NaOH 滴至黄色后重复此步骤），记录最后所耗 HCl、NaOH 的体积。

3. 平行测定 2～3 次（每次测定都必须将酸、碱溶液重新装至滴定管的零刻度线附近）。

4. 计算 $\frac{V(\text{HCl})}{V(\text{NaOH})}$ 或 $\frac{V(\text{NaOH})}{V(\text{HCl})}$。

五、思考题

1. 如果 Na_2CO_3 中结晶水没有完全除去，实验结果会怎样？
2. 准确称取的基准物质置于锥形瓶中，锥形瓶内壁是否要烘干？为什么？
3. 在酸碱滴定中，每次指示剂的用量仅为 1～2 滴，为什么不可多用？
4. 基准物质的称量范围是如何确定的？
5. 本实验中配制酸碱标准溶液时，试剂只用量筒量取或台天平称取，为什么？稀释所用蒸馏水是否需准确量取？

4.3　铵盐中氮含量的测定

一、实验目的

1. 掌握甲醛法测定铵盐中含氮量的原理。
2. 学会用酸碱滴定法间接测定氮肥中氮的含量。

二、实验原理

$(NH_4)_2SO_4$ 为常用的氮肥之一。由于 NH_4^+ 的酸性太弱，无法用 NaOH 直接滴定。一般先将 $(NH_4)_2SO_4$ 与 HCHO 反应，生成等物质量的酸，反应生成的质子化六次甲基四铵和 H^+，可用 NaOH 标准溶液直接滴定，终点时溶液呈弱碱性，用酚酞作指示剂。反应式为：

$$4NH_4^+ + 6HCHO = (CH_2)_6N_4H^+ + 3H^+ + 6H_2O$$

三、实验用品

1. 仪器

电子天平、称量瓶、200 mL 烧杯、100 mL 容量瓶、20 mL 移液管、碱式滴定管、250mL 锥形瓶。

2. 药品

甲醛溶液、NaOH 溶液、酚酞指示剂。

四、操作步骤

用差减法准确称取 0.60～0.70 g $(NH_4)_2SO_4$ 试样于烧杯中，加 30 mL 蒸馏水溶解，定量转移至 100 mL 容量瓶中定容，摇匀。用移液管吸取 20 mL $(NH_4)_2SO_4$ 试液于锥形瓶中，加入 5 mL 18% 中性 HCHO，放置 5 min 后，加入 1～2 滴酚酞，用 NaOH 标准溶液滴定至终点（微红），0.5 min 不褪色。记录所消耗 NaOH 溶液的体积（V），平行测定三次。计算试样中 N 的质量分数（ω）。

$$\omega(\mathrm{N})=\frac{c(\mathrm{NaOH})\times V(\mathrm{NaOH})\times 14.01}{m_\mathrm{s}}\times\frac{100.00}{20.00}\times 100\%$$

五、思考题

铵盐中 N 的测定为何不采用 NaOH 直接滴定？

4.4　混合碱的测定（双指示剂法）

一、实验目的

1. 了解测定混合碱的原理。
2. 掌握用双指示剂法测定混合碱的方法。

二、实验原理

混合碱通常是 Na_2CO_3 与 NaOH 或 Na_2CO_3 与 $NaHCO_3$ 的混合物。常用双指示剂法测定其含量。根据滴定过程中 pH 值变化的情况，选用两种不同的指示剂分别指示第一、第二计量点的到达，称为“双指示剂法”。此法简便、快捷，在生产实际中应用广泛。其原理如下：

1. 试样为 Na_2CO_3 与 NaOH 的混合物

由于 NaOH 为一元强碱，与强酸 HCl 的中和反应在水溶液中反应程度高，很容易准确滴定，到达化学计量点时 pH = 7.0；而 Na_2CO_3 为二元弱碱，分两步解离，其 $K_{b_1}^\theta=1.79\times10^{-4}$，$K_{b_2}^\theta=2.38\times10^{-8}$，可计算出 Na_2CO_3 被中和一半，生成 $NaHCO_3$ 时，

$$\mathrm{pH}=-\lg\sqrt{K_{a_1}^\theta\times K_{a_2}^\theta}=-\lg\sqrt{\frac{K_w^\theta}{K_{b_1}^\theta}\times\frac{K_w^\theta}{K_{b_2}^\theta}}=8.3$$

继续用 HCl 标准溶液滴定，$NaHCO_3$ 全部转化为 H_2CO_3（CO_2+H_2O）。室温下，CO_2 饱和溶液浓度为 0.04 $mol\cdot L^{-1}$，故滴定终点 pH 可近似计算为：

$$\mathrm{pH}=-\lg\sqrt{c\times K_{a_1}^\theta}=-\lg\sqrt{0.04\times4.2\times10^{-7}}=3.9$$

因而测定 Na_2CO_3 与 NaOH 混合碱时，可首先以酚酞（变色范围 pH = 8.0～10.0）为指示剂，用 HCl 标准溶液滴定至酚酞变色，此时滴定反应到达第一化学计量点。设此时用去 HCl 的体积为 V_1（单位：mL），其滴定反应为：

$$NaOH+HCl=\!=\!=NaCl+H_2O$$

$$Na_2CO_3+HCl=\!=\!=NaHCO_3+NaCl$$

在第一计量点后，可加甲基橙（变色范围 pH = 3.1～4.4）作指示剂，继续用 HCl 标准溶液滴定，使第一步生成的 $NaHCO_3$ 完全中和，从而计算混合碱中 Na_2CO_3 的含量。设又消耗的 HCl 标准溶液的体积为 V_2（单位：mL），其滴定反应为：

$$NaHCO_3 + HCl = NaCl + H_2CO_3 \rightarrow CO_2 + H_2O$$

滴定 Na_2CO_3 所需 HCl 溶液是两次滴定加入的，从理论上讲，两次用量相等。故滴定 NaOH 所消耗的 HCl 用量为 V_1-V_2。各组分的含量为：

$$\rho(\text{NaOH}) = \frac{c(\text{HCl}) \times (V_1 - V_2) \times M(\text{NaOH})}{V_{试液}}$$

$$\rho(\text{Na}_2\text{CO}_3) = \frac{c(\text{HCl}) \times V_2 \times M(\text{Na}_2\text{CO}_3)}{V_{试液}}$$

2. 试样为 Na_2CO_3 与 $NaHCO_3$ 的混合物

此时 $V_1<V_2$，V_1 仅为 Na_2CO_3 转化为 $NaHCO_3$ 所需 HCl 的用量。滴定试样中 $NaHCO_3$ 所需 HCl 的用量为 $V_2 - V_1$，各组分的含量为：

$$\rho(\text{Na}_2\text{CO}_3) = \frac{c(\text{HCl}) \times V_1 \times M(\text{Na}_2\text{CO}_3)}{V_{试液}}$$

$$\rho(\text{NaHCO}_3) = \frac{c(\text{HCl}) \times (V_2 - V_1) \times M(\text{NaHCO}_3)}{V_{试液}}$$

以上各式中 ρ 表示各组分含量，单位：$g \cdot L^{-1}$。在实际生产操作中，还可通过滴定所需 HCl 溶液用量 V_1 和 V_2 的大小，判断混合碱中的成分组成。

三、实验用品

1. 仪器

酸式滴定管（50 mL）、移液管　（25 mL）、锥形瓶（250 mL）、洗耳球。

2. 药品

0.1 $mol \cdot L^{-1}$ HCl 标准溶液、0.1%甲基橙、0.1%酚酞指示剂、混合碱试样。

四、实验步骤

用移液管移取已配好的混合碱试液 20.00 mL 于锥形瓶中，加 1 滴酚酞指示剂，用 HCl 标准溶液滴定至红色恰好消失[1]，记下 HCl 所消耗的体积（V_1）。然后向锥形瓶中加入 1 滴甲基橙指示剂，继续[2]用 HCl 标准溶液滴定至溶液由黄色变为橙色[3]，记下第二次用去 HCl 所消耗的体积（V_2），平行测定三次。

注释：

[1]第一滴定终点前，HCl 标准溶液要逐滴加入，并要不断摇动锥形瓶，以防溶液局部浓度过大，Na_2CO_3 直接被滴定成 CO_2。

[2]为减少误差，在第二次滴定前无需对酸式滴定管进行重新注满至零刻度线。

[3]滴定近终点时，一定要充分摇动，以防止形成 CO_2 的过饱和溶液而使终点提前到达。

五、思考题

1. 用 HCl 标准溶液测定混合碱时，取完一份试液就要立即滴定，若在空气中放置一段时间，将会对测定结果带来什么影响？

2. 为什么移液管必须要用所移取溶液润洗，而锥形瓶则不准用所装溶液润洗？

4.5　食醋总酸量的测定

一、实验目的

1. 掌握食醋中总酸量的测定方法。
2. 掌握强碱滴定弱酸的原理及指示剂的选择。
3. 进一步熟练酸碱滴定的基本操作。

二、实验原理

食醋中主要成分是 HAc，此外还有少量的其他有机弱酸，如乳酸等。它们与 NaOH 溶液的反应为：

$$NaOH + CH_3COOH = CH_3COONa + H_2O$$

$$n\text{NaOH} + \text{H}_n\text{A}（\text{有机酸}）= \text{Na}_n\text{A} + n\text{H}_2\text{O}$$

用 NaOH 标准溶液滴定时，凡是解离常数 $K_a^\theta \geqslant 10^{-7}$ 的弱酸都可被滴定， 故测出的是总酸量，分析结果常用 ρ(HAc)表示，单位为 $g \cdot L^{-1}$。由于是强碱滴定弱酸，滴定突跃在碱性范围内，理论终点的 pH 值在 8.7 左右，可采用酚酞为指示剂。

由于 NaOH 固体易吸收空气中的 CO_2 和水分，不能直接配制碱标准溶液，而必须用标定法。邻苯二甲酸氢钾（$KHC_8H_4O_4$）易制得纯品，摩尔质量较大，在空气中不吸水，容易保存，因此采用其作为基准物标定 NaOH 溶液。反应产物在水溶液中呈弱碱性，仍可选用酚酞作指示剂。

食醋中所含 HAc 浓度较大（质量分数约为 3%～5%），且颜色较深，必须适当稀释或经中性活性炭脱色后再进行滴定。白醋可经稀释后直接滴定。

此外，为消除 CO_2 的影响，减少实验误差，配制 NaOH 溶液和稀释食醋的蒸馏水在实验前应加热煮沸 2～3 min，以尽可能完全除去溶解的 CO_2，并快速冷却至室温。

三、实验用品

1. 仪器

碱式滴定管（50 mL）、移液管（25 mL）、容量瓶（250 mL）、锥形瓶（250 mL）、电子天平。

2. 药品

邻苯二甲酸氢钾、0.1 $mol \cdot L^{-1}$NaOH 溶液、0.1%酚酞指示剂、食醋。

四、实验步骤

1. NaOH 溶液的标定

在电子天平上，用差减法称取三份 0.4～0.6 g 邻苯二甲酸氢钾基准物分别放入三个 250

mL 锥形瓶中，各加入 30～40 mL 去离子水溶解后，滴加 1～2 滴 0.1%酚酞指示剂。用待标定的 NaOH 溶液分别滴定至溶液由无色变为微红色，并保持 30 s 内不褪色即为终点。平行滴定 3 次，记录滴定前后滴定管中 NaOH 溶液的体积，计算出 NaOH 标准溶液的浓度，其相对平均偏差不应大于 0.2%。

2. 食醋中总酸量的测定

用 25.00 mL 移液管吸取食醋原液移入 250 mL 容量瓶中，用无 CO_2 蒸馏水稀释至刻度，摇匀。用 25.00 mL 移液管平行吸取稀释后的试液三份，分别置于三个 250 mL 锥形瓶中，各加入 0.1%酚酞指示剂 1～2 滴，摇匀。用 NaOH 标准溶液滴定，直到加入半滴 NaOH 标准溶液使溶液呈现微红色，并保持 30 s 内不褪色即为终点。记录滴定前后滴定管中 NaOH 溶液的体积，根据测定结果计算食醋原液中酸的总含量，并计算相对平均偏差。

设 NaOH 标准溶液的浓度为 $c(\mathrm{NaOH})$，滴定时所用的体积为 $V(\mathrm{NaOH})$，滴定时吸取稀释后的醋酸试液的体积为 $V(\mathrm{HAc})$，醋酸的摩尔质量为 $M(\mathrm{HAc})$则食醋原液的总酸量 $\rho(\mathrm{HAc})$则可通过下式计算出来，其单位为 $\mathrm{g\cdot L^{-1}}$：

$$\rho(\mathrm{HAc})=\frac{c(\mathrm{NaOH})\times V(\mathrm{NaOH})\times M(\mathrm{HAc})}{V(\mathrm{HAc})}\times 稀释倍数$$

五、思考题

1. 如何正确使用移液管？ 移液管中的溶液放出后，在管的尖端尚残留了少量溶液，应怎样处理？

2. 测定食醋含量时，所用的蒸馏水中不能含有 CO_2，为什么？

3. 酚酞指示剂由无色变为微红色时，溶液的 pH 为多少？变红的溶液在空气中放置后又变为无色的原因是什么？

4.6 蛋壳中碳酸钙含量的测定

一、实验目的

1. 了解返滴定的基本原理。

2. 熟练掌握滴定分析的基本操作。

二、实验原理

将已知量的 HCl 标准溶液与研碎的蛋壳样品作用，其中 $CaCO_3$ 即与 HCl 发生反应：

$$CaCO_3+2H^+\rightarrow Ca^{2+}+CO_2\uparrow+H_2O$$

过量的酸可以用标准强碱溶液回滴，根据开始加入的已知标准强酸溶液的量和回滴所用标准强碱溶液的量，即可测定蛋壳中 $CaCO_3$ 的含量。

三、实验用品

浓 HCl（36.5%，分析纯）、NaOH（固体，分析纯）、Na_2CO_3（固体，分析纯）、甲基橙指示剂（0.1%水溶液）、筛子（80～100 目）。

四、实验步骤

1. $c(HCl)=0.5\ mol\cdot L^{-1}$ 的盐酸溶液浓度的标定

配制 500 mL $c(HCl)=0.5\ mol\cdot L^{-1}$ 盐酸浓液。准确称取 0.5～0.6 g Na_2CO_3 三份，分别置于 250 mL 锥形瓶中，各加入 50 mL 煮沸赶去 CO_2 并冷却的蒸馏水，摇动，温热使之全部溶解。然后，加入 1～2 滴甲基橙指示剂，用待标定的盐酸溶液滴定至由黄色变为橙色为止，根据所用 HCl 标液体积和所称 Na_2CO_3 的质量，计算 HCl 标液浓度。

2. $c(NaOH)=0.5\ mol\cdot L^{-1}$ 的氢氧化钠溶液浓度的标定

配制 500 mL $c(NaOH)=0.5\ mol\cdot L^{-1}$ 的 NaOH 溶液，其浓度与上述 HCl 溶液比较滴定即可测知。

3. 蛋壳中 $CaCO_3$ 含量的测定

取洗净烘干的蛋壳研碎，过筛（80～100 目，蛋壳样品的内膜须剥去，因内膜无法研碎和过筛）。准确称取此粉末样品 0.3 g 左右三份，分别置于 250 mL 锥形瓶中，用滴定管逐滴加入 HCl 标液 40 mL（读准至 0.0l mL），摇匀，放置 30 min（浮在泡沫中的粉末也应被酸完全溶解），然后以甲基橙作指示剂，用 NaOH 标液滴定溶液由橙红色恰变黄色即为终点。计算蛋壳中 $CaCO_3$ 质量分数（ω）：

$$\omega(CaCO_3)=\frac{c(HCl)\times V(HCl)-c(NaOH)\times V(NaOH)}{2\times m}\times M(CaCO_3)$$

式中：$M(CaCO_3)$ 为 $CaCO_3$ 的摩尔质量；m 为蛋壳的质量。

4.7　氯化物中氯的测定

一、实验目的

1. 学习 $AgNO_3$ 标准溶液、NH_4SCN 标准溶液的配置和标定。
2. 熟练掌握用莫尔法、佛尔哈德法进行沉淀滴定的原理、方法和实验操作。

二、实验原理

氯化物中的氯可用莫尔法、佛尔哈德法等进行测定。

1. 莫尔法

在近中性溶液中，以 K_2CrO_4 为指示剂，用 $AgNO_3$ 标准溶液直接滴定试液中 Cl^-：

$$Ag^+ + Cl^- = AgCl\downarrow \text{（白色）}$$

$$2Ag^+ + CrO_4^{2-} = Ag_2CrO_4\downarrow \text{（砖红色）}$$

滴定时先析出 AgCl 沉淀，当 AgCl 定量沉淀后，微过量的 Ag^+ 即与 CrO_4^{2-} 形成 Ag_2CrO_4 沉淀，指示达到终点。

2. 佛尔哈德法

在含有 Cl^- 的酸性溶液中，加入一定过量的 $AgNO_3$ 标准溶液，定量生成 AgCl 沉淀后，过量的 Ag^+ 以铁铵钒为指示剂，以 NH_4SCN 标准溶液回滴，由 $Fe(SCN)^{2+}$ 配离子的红色指示滴定终点：

$$Ag^+ + Cl^- = AgCl\downarrow \text{（白色）}$$

$$Ag^+ + SCN^- = AgSCN\downarrow \text{（白色）}$$

$$Fe^{3+} + SCN^- = Fe(SCN)^{2+} \text{（红色）}$$

滴定时还需加入硝基苯（有毒）保护 AgCl 沉淀，使其与溶液隔开，防止 AgCl 沉淀与 SCN^- 发生交换反应而消耗滴定剂。

$AgNO_3$ 标准溶液可以直接用分析纯 $AgNO_3$ 来配制。在准确称量前，先要把 $AgNO_3$ 在 110℃烘 1～2 h。$AgNO_3$ 见光易分解，因此，纯净的 $AgNO_3$ 固体或已配制好的 $AgNO_3$ 标准溶液都应保存在密闭的棕色玻璃瓶中。因 $AgNO_3$ 与有机物接触易被有机物所还原，所以 $AgNO_3$ 标准溶液应装入酸式滴定管中使用。

如果 $AgNO_3$ 纯度不够，可把它配制成近似于所需浓度的溶液，然后用分析纯的 NaCl 进行标定。NaCl 易潮解，因此应先放在坩埚内，于 500～600℃灼烧至不发出爆裂的声响为止，然后把干燥好的 NaCl 放在干燥器中备用。标定时所用的方法（莫尔法或佛尔哈德法）应该和测定时的方法相一致，以抵消测定方法所引起的系统误差。标定的方法步骤可参照下面氯化物测定。

因为 NH_4SCN（或 KSCN）固体易于吸湿，所以 NH_4SNN 标准溶液应先配成近似浓度，然后用 $AgNO_3$ 标准溶液与之比较，再计算其浓度。

三、实验用品

$AgNO_3$（固体，分析纯）、NH_4SCN（固体，分析纯）、$FeNH_4(SO_4)_2\cdot 12H_2O$（固体，分析纯）、$HNO_3$ 溶液（6 $mol\cdot L^{-1}$）、K_2CrO_4 指示剂（5%水溶液）。

四、实验步骤

1. $c(AgNO_3)$=0.1 $mol\cdot L^{-1}$ 的 $AgNO_3$ 标准溶液的配制

准确称取已干燥的分析纯 $AgNO_3$ 约 ______ g（自己计算），溶于少量蒸馏水中，然后将它定量地转移入 500 mL 容量瓶中，用蒸馏水稀释定容，摇匀后倒入洁净干燥的棕色瓶中，密闭保存。计算 $AgNO_3$ 标准溶液的准确浓度。

2. $c(NH_4SCN)$=0.1 $mol\cdot L^{-1}$ 的 NH_4SCN 标准溶液的配制

在台秤上称取固体 NH_4SCN 约 ______ g（自己计算），用少量蒸馏水溶解后，加蒸馏水稀释至 500 mL，保存于洁净的试剂瓶中。

3. NH_4SCN 标液的标定

用移液管取 $AgNO_3$ 标准溶液 25.00 mL，放入 250 mL 锥形瓶中，加入新煮沸冷却的 6 $mol\cdot L^{-1}$ HNO_3 3 mL（煮沸排去 HNO_3 中的低价氮氧化物，否则与 Fe^{3+} 反应）和铁铵钒指示剂 1 mL，在强烈摇动下用配制好的 NH_4SCN 溶液滴定。当接近终点时，溶液显出橙红色，经用力摇动则又消失。继续滴定到溶液刚显出的橙红色虽经剧烈摇动仍不消失时即为终点，计算 NH_4SCN 溶液的准确浓度。

铁铵钒指示剂：称取 $FeNH_4(SO_4)_2 \cdot 12H_2O$ 50 g 于研钵中研细，放入盛有 100 mL 蒸馏水的烧杯中，搅拌促进溶解，滴加 ρ=1.42 g·mL^{-1} 的浓 HNO_3，直到溶液的褐色消失和溶液澄清为止，倒入棕色瓶中，密闭，保存与阴暗处备用。

4. 氯试液制备

准确称取可溶性氯化物 1.5～2 g 在烧杯中用水溶解，定量转移至 250 mL 容量瓶中定容，摇匀备用。

5. 氯化物中氯的测定（莫尔法）

用 25 mL 移液管移取氯试液两份，分别放入锥形瓶中，加入 ω=5%K_2CrO_4 溶液 1 mL，然后在剧烈摇动下用 $AgNO_3$ 标准溶液滴定。当接近终点时，溶液呈浅砖红色，但经摇动后即消失。继续滴定至溶液刚显出浅砖红色，虽经剧烈摇动仍不消失时即为终点。计算试样中氯的质量分数（ω）：

$$\omega = \frac{c(\mathrm{Ag^+}) \times V(\mathrm{Ag^+}) \times M(\mathrm{Cl}) \times 10}{m}$$

式中：m 为氯化物的质量。

6. 氯化物中氯的测定（佛尔哈德法）

用 25 mL 移液管移取氯试液两份，分别放入锥形瓶中，加入 5 mL 6 mol·L^{-1} HNO_3，由滴定管准确加入约 45 mL $AgNO_3$ 标准溶液。加时不断摇动锥形瓶，加完后继续摇动，至 AgCl 全部聚沉。加入 4 mL 硝基苯，充分摇动，使 AgCl 被硝基苯包被。再加入铁铵钒指示剂 1 mL，在摇动下用 NH_4SCN 标准溶液滴定，至溶液保持橙红色 30 s 不褪色时即为终点。计算试样中氯的质量分数（ω）：

$$\omega = \frac{\left[c(\mathrm{Ag^+}) \times V(\mathrm{Ag^+}) - c(\mathrm{NH_4SCN}) \times V(\mathrm{NH_4SCN})\right] \times M(\mathrm{Cl}) \times 10}{m}$$

式中：m 为氯化物的质量。

以上各方法，两次平行测定的相对相差均不得大于 0.3%。

注意：银是贵重金属，银盐溶液不应该随意丢弃，所有淋洗滴定管的标准溶液和沉淀都应该收集起来，以便回收利用。

4.8 铅、铋含量的连续测定

一、实验目的

运用学过的理论知识，在总结有关实验操作的基础上，采用配位滴定法，自行设计测定 Pb^{2+}、Bi^{3+}含量的方案。

二、设计提示

混合离子的滴定常采用酸度控制法和掩蔽法。可根据副反应系数的原理，论证它们分布滴定的可能性。

Pb^{2+}、Bi^{3+}均能和 EDTA（乙二胺四乙酸）形成稳定的 1:1 螯合物，但其稳定性有相当大的差别（它们的 $\lg K$ 值分别为 27.94 和 18.04），所以可以通过控制介质酸度进行分步滴定，以测出它们的含量。

在测定时均以二甲酚橙（三苯甲烷显色剂）作指示剂。二甲酚橙易溶于水，它有七级酸式离解，其中 H_7In 至 H_3In^{4-}呈黄色，H_2In^{5-}至 In^{7-}呈红色。由于各组分的比例随溶液的酸度而变化，所以它们在溶液中的颜色也随着酸度改变而改变。在 $pH < 6.3$ 时，未络合的二甲酚橙呈黄色，$pH > 6.3$ 时呈红色。二甲酚橙还可与 Pb^{2+}、Bi^{3+}络合呈紫红色，但它们的稳定性都低于 Pb^{2+}、Bi^{3+}和 EDTA 所形成的络合物 PbY^{2-}、BiY^{-}。

测定时，首先调节溶液的酸度为 $pH \approx 1.0$，用 EDTA 标准溶液进行滴定，溶液的颜色由紫红色突变为亮黄色即为 Bi^{3+}的终点。然后再用六次甲基四胺调节溶液的 $pH = 5 \sim 6$，此时，Pb^{2+}与二甲酚橙形成紫色螯合物，所以溶液再次呈现紫红色，然后用 EDTA 标液继续滴定至溶液由紫红色突变为亮黄色，即为 Pb^{2+}的终点。

三、实验用品

1. 仪器

酸式滴定管（50 mL）、移液管　（25 mL）、锥形瓶（250 mL）。

2. 药品

EDTA 标准溶液、二甲酚橙溶液（0.4%）、六次甲基四胺溶液（20%）、Pb^{2+}和 Bi^{3+}未知溶液。

四、实验步骤

1. Bi^{3+}的测定

准确吸取 25.00 mL Pb、Bi 混合液于 250 mL 锥形瓶中，滴入 1 滴二甲酚橙指示剂，用 EDTA 标液滴定，在近终点前应放慢滴定速度，每加 1 滴，摇动并注意观察是否变色，直至使溶液由酒红色变为橙色，滴定剂改为半滴加入，溶液由橙色变为黄色，即为终点。记下消耗 EDTA 标液的体积 V_1，计算未知溶液中 Bi^{3+}的含量：

$$\rho(\mathrm{Bi}^{3+}) = \frac{c(\mathrm{EDTA}) \times V_1(\mathrm{EDTA}) \times M(\mathrm{Bi})}{V_{\text{样}}}$$

2. Pb^{2+}的滴定

在滴定 Bi^{3+}后，逐滴滴加 20%六次甲基四胺（约 20 mL）至溶液呈现稳定的紫红色时，再多加 5 mL，此时溶液的 pH 约为 5～6。此时可补加 1 滴二甲酚橙指示剂，再用 EDTA 标准溶液滴定至溶液由酒红色突变为亮黄色，为滴定 Pb^{2+}的终点。记下消耗的 EDTA 标准溶液体积 V_2，计算未知溶液中 Pb^{2+}的含量：

$$\rho(Pb^{2+}) = \frac{c(EDTA) \times V_2(EDTA) \times M(Pb)}{V_{样}}$$

五、思考题

本实验能否先在 pH = 5～6 的溶液中滴定 Pb^{2+}的含量，然后调节溶液 pH ≈ 1.0，再滴定 Bi^{3+}的含量？

4.9　自来水总硬度的测定

一、实验目的

1. 学习配位滴定法测定水的硬度的原理和方法。
2. 熟悉金属指示剂变色原理及滴定终点的判断。

二、实验原理

1. 水硬度的概念及表示单位

硬度是指水中二价及多价金属离子含量的总和。这些离子包括 Ca^{2+}、Mg^{2+}、Fe^{2+}、Mn^{2+}、Fe^{3+}、Al^{3+}等。水中这些离子有一个共性——含量偏高可使肥皂失去去污能力、锅炉结垢、水在工业上的许多部门不能使用。

构成天然水硬度的离子是 Ca^{2+}和 Mg^{2+}，其他离子在一般天然水中含量很少，在构成水硬度上可以忽略。因此，一般都以 Ca^{2+}和 Mg^{2+}的含量来计算水硬度。

水硬度的单位有很多种，目前在文献中使用较多的有以下三种：

（1）毫摩/升（$mmol \cdot L^{-1}$）　这个单位以 1 L 水中含有的形成硬度离子的物质的量之和来表示。物质的量的基本单元以单位电荷形式 $\frac{1}{n}M^{n+}$ 计，即以 $\frac{1}{2}Ca^{2+}$、$\frac{1}{2}Mg^{2+}$ 作为基本单元。

（2）毫克/升（$mg \cdot L^{-1}$）　以 1 L 水中所含有的与形成硬度离子的量所相当的 $CaCO_3$ 的质量表示。这种表示单位在后面一般应加括号注明是指 $CaCO_3$ 的质量。这个水硬度单位美国常用。

（3）德国度（$°H_G$）　此单位是将水中的 Ca^{2+}和 Mg^{2+}含量换算为相当的 CaO 量后，以 1 L 水中含 10 mg CaO 为 1 德国度（$°H_G$）。德国、原苏联和我国常采用。

为了便于对水的利用，我国一般把天然水按德国度划分成五类，一般把小于 $4°H_G$ 的水称为很软的水；$4～8°H_G$ 称为软水；$8～16°H_G$ 称为中等硬水；$16～32°H_G$ 称为硬水；大于 $32°H_G$ 称为很硬水。

2. 测定原理

以形成配位化合物反应为基础的滴定方法，称为配位滴定法（或称配合物滴定法）。水中 Ca^{2+}、Mg^{2+}含量可用 EDTA 滴定法测量，EDTA 能与大多数金属离子形成 1:1 的配合物，其中，EDTA 作为配位剂，供电子对；金属离子作为中心离子，接受电子对。用金属指示剂来判断滴定终点，金属指示剂不仅具有配位剂的性质，而且本身常是多元弱酸或多元弱碱，能随溶液 pH 值变化而显示不同的颜色。

（1）测定 Ca^{2+}、Mg^{2+}总量：以铬黑 T（简称 EBT 或 BT）为指示剂。铬黑 T 是一种三元酸，在溶液中有下列平衡：

$$H_2In^{-} \underset{+H^+}{\overset{-H^+}{\rightleftharpoons}} HIn^{2-} \underset{+H^+}{\overset{-H^+}{\rightleftharpoons}} In^{3-}$$

（红色）　　（蓝色）　　（橙色）

pH<6　　pH 为 8～11　　pH>12

铬黑 T 与 Ca^{2+}、Mg^{2+}等形成红色的配合物。显然，在 pH<6 或 pH>12 时，游离指示剂的颜色与形成的金属离子配合物的颜色没有显著的差别。只有在 pH 为 8～11 时进行滴定，终点由金属离子配合物的红色变成游离指示剂的蓝色，颜色变化才显著。以铬黑 T 为指示剂时，用 EDTA 滴定 Mg^{2+}较滴定 Ca^{2+}终点变色更为敏锐。因此，在水样中含 Mg^{2+}量较小时，终点不敏锐，为此，在配制 EDTA 时，可加适量的 Mg^{2+}，由于 Ca^{2+}、Mg^{2+}与 EBT、EDTA 形成配离子的稳定性大小顺序为 $CaY^{2-}>MgY^{2-}>MgIn^{-}>CaIn^{-}$。因此，滴定过程中 Ca^{2+}把 Mg^{2+}从 MgY^{2-}中置换出来，Mg^{2+}与 EBT 形成紫色 $MgIn^{-}$，终点时溶液由紫红色变为纯蓝色，变色比较敏锐。

根据 EDTA 标液的浓度和用量，计算水的总硬度。

$$总硬度=\frac{c(\mathrm{EDTA})\times V(\mathrm{EDTA})\times M(\mathrm{CaO})}{V(\mathrm{H_2O})}\times 1\,000$$

（2）测定钙硬度：调节水的 pH 值，使 Mg^{2+}水解生成 $Mg(OH)_2$ 沉淀，不影响 Ca^{2+}的测定，所用的指示剂为钙指示剂（又叫 NN 指示剂或钙红），钙指示剂与 Ca^{2+}形成红色配合物。钙指示剂的颜色变化与 pH 有下列关系：

$$H_2In^{2-} \underset{+H^+}{\overset{-H^+}{\rightleftharpoons}} HIn^{3-} \underset{+H^+}{\overset{-H^+}{\rightleftharpoons}} In^{4-}$$

（酒红色）　　（蓝色）　　（酒红色）

pH<8　　pH 为 8～1　　pH>13

所以 pH 为 8～13 时进行滴定，终点由金属离子配合物的红色变成游离指示剂的蓝色，颜色变化才显著。

根据 EDTA 标液的浓度和用量，计算钙硬度：

$$钙硬度=\frac{c(\mathrm{EDTA})\times V(\mathrm{EDTA})\times M(\mathrm{CaO})}{V(\mathrm{H_2O})}\times 1\,000$$

（3）镁硬度可用总硬度减去钙硬度得到。

三、实验用品

1. 仪器

酸式滴定管（50 mL）、半微量滴定管（5 mL）、烧杯（100 mL、250 mL）、移液管（20 mL）、容量瓶（200 mL）、量筒（10 mL、50 mL）、锥形瓶（250 mL）。

2. 药品

0.005 mol·L^{-1}EDTA 标准溶液、NH_3-NH_4Cl 缓冲溶液（pH=10）、铬黑 T 指示剂、1∶1 HCl、1∶1 $NH_3·H_2O$。

四、实验步骤

1. 0.005 mol·L^{-1}EDTA 标液的标定

用差减法准确称取烘干的 $CaCO_3$ 固体 0.1～0.15 g 于烧杯中，用少量蒸馏水润湿，然后慢慢加入 10 mL 1∶1 HCl，待 $CaCO_3$ 溶解后定量转移到 200 mL 容量瓶中，定容，摇匀，即为 Ca^{2+}标液。准确吸取 20.00 mL 配好的 Ca^{2+}标液三份，置于锥形瓶中，加入 10 mL pH=10 的氨性缓冲溶液，摇匀，加少许 EBT 指示剂。用 EDTA 标准溶液滴定，溶液由红色变为蓝色，记录消耗 EDTA 的体积，并计算出 EDTA 标液的浓度：

$$c(\mathrm{EDTA})=\frac{m(\mathrm{CaCO_3})\times 20\times 1\,000}{V(\mathrm{EDTA})\times M(\mathrm{CaCO_3})\times 100}$$

2. 水总硬度的测定

准确吸取 100 mL 待测水样置于锥形瓶中，加入 10 mL pH=10 的氨性缓冲溶液，摇匀，加少许 EBT 指示剂，用 EDTA 标液滴定，溶液由红色变为蓝色。记录所消耗的 EDTA 标液体积，并计算水的总硬度。

3. 钙硬度的测定

准确吸取 100 mL 水样，置于三角瓶中，加入 10 mL 10% NaOH 溶液及少许 NN 指示剂，摇匀，后用 EDTA 标液滴定，溶液由红色变为蓝色。记录所消耗的 EDTA 标液体积，并计算钙硬度。

4. 镁硬度计算

镁硬度=总硬度−钙硬度=______________________。

五、思考题

1. 测定水的总硬度时，为何要控制溶液的 pH=10？

2. 从 CaY^{2-}、MgY^{2-}的 $\lg K_f^{\theta}$ 值，比较他们的稳定性，如何用 EDTA 分别测定 Ca^{2+}、Mg^{2+}混合液中 Ca^{2+}、Mg^{2+}的含量？

4.10　重铬酸钾法测定亚铁盐中铁的含量

一、实验目的

1. 掌握用直接法配制标准溶液。
2. 了解氧化还原滴定法的一般原理以及重铬酸钾法的特点。
3. 学会使用二苯胺磺酸钠指示剂。

二、实验原理

1. 配制标准溶液的方法

标准溶液的配制通常有两种方法，即直接配制法和间接配制法（又称标定法）。直接配制法就是准确称取一定量的物质，溶解于适量水后定量转入容量瓶中，用水稀释至刻度，然后根据称取物质的量和容量瓶的体积即可算出该标准溶液的准确浓度。用直接法配制标准溶液的化学试剂必须具备下列条件：（1）在空气中要稳定；（2）纯度较高（一般要求纯度在 99.9%以上），杂质含量少到可以忽略（0.01%～0.02%）；（3）实际组成应与化学式完全符合；（4）试剂最好具有较大的摩尔质量。凡是符合上述条件的物质，在分析化学上称为“基准物质”或称“基准试剂”。许多化学试剂是不符合上述条件的，需要用间接法配制标准溶液，即先配成接近所需浓度的溶液，然后再用基准物质或用另一种物质的标准溶液来测定它的准确浓度。

2. 测定原理

氧化还原滴定法是以氧化还原反应为基础的滴定分析方法。常常用强氧化剂和较强的还原剂作为标准溶液。根据所用标准溶液的不同，氧化还原滴定法可分为高锰酸钾法、重铬酸钾法、碘量法、铈量法、溴酸钾法等。重铬酸钾法常用于铁和土壤有机质的测定。测定 Fe^{2+} 的反应为：

$$Cr_2O_7^{2-} + 6Fe^{2+} + 14H^+ = 2Cr^{3+} + 6Fe^{3+} + 7H_2O$$

重铬酸钾法中，虽然橙色的 $Cr_2O_7^{2-}$ 被还原后转化为绿色的 Cr^{3+}，但由于 $Cr_2O_7^{2-}$ 的颜色不是很深，故不能根据自身的颜色变化来确定终点，需另加氧化还原指示剂，一般采用二苯胺磺酸钠作指示剂。这类指示剂本身是氧化剂或还原剂，其氧化态与还原态具有不同的颜色。在滴定过程中，化学计量点附近的电位突跃使指示剂由一种形态转变成另一种形态，同时伴随颜色改变，从而指示终点。二苯胺磺酸钠氧化态为紫红色，还原态为无色。由于在滴定过程中，累积的 Cr^{3+} 呈绿色，故终点时由绿变蓝紫色。

二苯胺磺酸钠变色点的电位位于滴定曲线下端，指示剂变色时只能氧化 91%左右的 Fe^{2+}。因此，为了减少误差，必须在滴定前加入 H_3PO_4，与 Fe^{3+} 形成配合物，以降低 φ（Fe^{3+}/Fe^{2+}），即降低滴定曲线的下限，增大突跃范围，使指示剂的变色范围在滴定的突跃范围之内；生成的配离子 $[Fe(HPO_4)]^+$ 为无色，消除了溶液中 Fe^{3+} 黄色干扰，利于终点颜色的观察。

用 3 $mol \cdot L^{-1}$ H_2SO_4 使测 Fe^{2+} 在 H_2SO_4 介质中进行，终点时，体系的最低酸度应在 $pH<1$，同时加 H_2SO_4 的目的是防止 $Fe(OH)_2$ 析出。

三、实验用品

1. 仪器

容量瓶（200 mL）、烧杯（100 mL、250 mL）、移液管（25 mL）、量筒（10 mL）、锥形瓶（250 mL）。

2. 药品

0.2%二苯胺磺酸钠、85%H_3PO_4、3 $mol \cdot L^{-1}$ H_2SO_4、$K_2Cr_2O_7$（AR）、$(NH_4)_2SO_4 \cdot FeSO_4 \cdot 6H_2O$（试样）。

四、实验步骤

1. $K_2Cr_2O_7$标准溶液配制

用差减法称取约 0.8～0.9 g（准确至 0.000 1 g）烘干过的 $K_2Cr_2O_7$ 于 250 mL 烧杯中，加 H_2O 溶解，定量转入 200 mL 容量瓶中，定容，摇匀。计算准确浓度：

$$c(K_2Cr_2O_7)=\frac{m(K_2Cr_2O_7)}{M(K_2Cr_2O_7)\times 200\times 10^{-3}}$$

2. 亚铁盐中 Fe 的测定

平行移取三份 25.00 mL 样品溶液分别置于三个锥形瓶中，各加 50 mL H_2O，5 mL 3 mol·L^{-1} H_2SO_4 和 5.0 mL 85% H_3PO_4，再加入 5～6 滴二苯胺磺酸钠指示剂，摇匀后再用 $K_2Cr_2O_7$ 标准溶液滴定，至溶液呈紫色或蓝色。计算试液中 Fe 的含量：

$$\rho(Fe)=\frac{6c(K_2Cr_2O_7)\times V(K_2Cr_2O_7)\times M(Fe)}{25.00}$$

五、思考题

1. $K_2Cr_2O_7$ 为什么可用来直接配制标准溶液？
2. 加入 H_3PO_4 的作用是什么？

4.11　胆矾中铜的测定

一、实验目的

了解碘量法测定铜的原理和方法。

二、实验原理

碘量法是在无机物和有机物分析中都广泛应用的一种氧化还原滴定法。很多含铜物质中铜含量的测定常用碘量法。胆矾（$CuSO_4 \cdot 5H_2O$）在弱酸性溶液中（pH = 3～4），Cu^{2+}可以被I^-还原为难溶性的 CuI 沉淀，同时析出 I_2（在过量 I^-存在下，以 I^{3-}形式存在）。反应式如下：

$$2Cu^{2+} + 5I^- = 2CuI\downarrow + I_3^-$$

析出的 I_2 用 $Na_2S_2O_3$ 标准溶液滴定，以淀粉为指示剂，滴定至溶液的蓝色刚好消失即为终点。

$$I_3^- + 2S_2O_3^{2-} = 3I^- + S_4O_6^{2-}$$

反应必须在弱酸性溶液中才能定量进行。在强酸性溶液中，I^-易被空气氧化，产生过多的 I_2，$Na_2S_2O_3$ 也会被分解。

$$S_2O_3^{2-} + 2H^+ = SO_2\uparrow + S\downarrow + H_2O$$

在碱性溶液中，I_2 会发生歧化反应，Cu^{2+}也可能分解，$S_2O_3^{2-}$也可能有如下的副反应：

$$S_2O_3^{2-} + 4I_2 + 10OH^- = 2SO_4^{2-} + 8I^- + 5H_2O$$

因此一般将溶液的酸度控制在 pH = 3～4。而且由于 CuI 易吸附少量的 I_2，使分析结果偏低，为此加入 SCN^-使 CuI 沉淀（$K_{sp}^{\theta} = 1.1\times10^{-12}$）转化为溶解度更小的 CuSCN 沉淀（$K_{sp}^{\theta} = 4.8\times10^{-15}$），从而把吸附的碘释放出来，提高测定结果的准确度：

$$CuI + SCN^- = CuSCN\downarrow + I^-$$

但 SCN^-只能在接近终点时加入，否则有可能直接还原 Cu^{2+}，使结果偏低：

$$6Cu^{2+} + 7SCN^- + 4H_2O = 6CuSCN\downarrow + SO_4^{2-} + CN^- + 8H^+$$

三、实验用品

1. 仪器

碱式滴定管（50 mL）、量筒 （10 mL，100 mL）、分析天平、锥形瓶（250 mL）。

2. 药品

$Na_2S_2O_3$ 标准溶液（0.1 mol·L^{-1}）、10% KI 溶液、3 mol·L^{-1} $H_2SO_4$1% 淀粉溶液、10% KSCN 溶液、固体 $CuSO_4\cdot5H_2O$。

四、实验步骤

准确称取 0.5～0.7 g（准确至 0.000 1g）胆矾样品三份，分别置于 250 mL 锥形瓶中，加入 5 mL 3 mol·L^{-1} 的 H_2SO_4 溶液，100 mL 蒸馏水稀释使之完全溶解。加入 10 mL 10% KI 溶液，立即用 $Na_2S_2O_3$ 标准溶液滴定至浅黄色（有 I_2 析出）。然后再加入 2 mL 1% 的淀粉溶液[1]，继续滴定至浅蓝色，再加入 10% KSCN 溶液 10 mL，震荡数秒后，溶液又转为深蓝色（CuI 释放出吸附的 I_3^-），继续用 $Na_2S_2O_3$ 标准溶液滴定至蓝色恰好消失为终点，此时溶液为浅灰色白色悬浮液[2]。记下消耗 $Na_2S_2O_3$ 的体积，计算 Cu 的含量：

$$\omega(\text{Cu}) = \frac{c(\text{Na}_2\text{S}_2\text{O}_3)\times V(\text{Na}_2\text{S}_2\text{O}_3)\times M(\text{Cu})}{1\,000\times m_s}\times100\%$$

注释：

[1]淀粉指示剂不宜过早加入，应尽量在接近终点时加入，否则大量的 I_2 将与淀粉结合成蓝色物质，这一部分被结合的 I_2 不易与 $Na_2S_2O_3$ 反应，是滴定过程产生误差。

[2]加入 KSCN 溶液不能过早，加入后要剧烈摇动，有利于沉淀的转化和释放出吸附的碘，接近终点时滴定剂要一滴或半滴地加入。

五、思考题

1. 测定 Cu^{2+}时加入 KSCN 的作用是什么？
2. 淀粉指示剂加入过早有什么不好？

4.12　化学耗氧量（COD）的测定

一、实验目的

1. 掌握 COD 测定的基本原理。
2. 熟练掌握滴定分析的基本操作。

二、实验原理

化学耗氧量（COD）是环境水质标准及废水排放标准的控制项目之一。COD 是指在一定条件下，采用一定的强氧化剂处理水样时与还原性物质作用所消耗的氧化剂的量，通常以相应的氧气的质量浓度 $\rho(O_2)/\ mg\cdot L^{-1}$ 表示。

水中所含还原性物质有各类有机物、亚硝酸盐、亚铁盐、硫化物等，主要是有机物。因此，COD 被作为衡量水中有机物相对含量的指标。COD 的测定方法有重铬酸钾法、酸性高锰酸钾法和碱性高锰酸钾法。本实验采用重铬酸钾法。

在强酸性溶液中，一定量重铬酸钾将水中还原性物质氧化，其氧化作用按下列反应式进行：

$$Cr_2O_7^{2-} + 6e^- + 14H^+ = 2Cr^{3+} + 7H_2O$$

加硫酸银作为催化剂，促进不易氧化的链烃氧化，过量的重铬酸钾以试亚铁灵作为指示剂，用硫酸亚铁铵溶液回滴：

$$Cr_2O_7^{2-} + 6Fe^{2+} + 14H^+ = 2Cr^{3+} + 6Fe^{3+} + 7H_2O$$

根据所消耗重铬酸钾的物质的量计算出水样的化学耗氧量。

用 $c(K_2Cr_2O_7)=0.04\ mol\cdot L^{-1}$ 的重铬酸钾溶液可测大于 50 $mg\cdot L^{-1}$ 的 COD 值。用 $c(K_2Cr_2O_7)=0.004\ mol\cdot L^{-1}$ 的重铬酸钾溶液可测 5～50 $mg\cdot L^{-1}$ 的 COD 值，但准确度较差。

三、实验用品

1. 回流装置　24 mm 或 29 mm 标准磨口 500 mL 全玻璃回流装置，球形冷凝器，长度为 30 cm。

2. 加热装置　功率大于 1.4 $W\cdot cm^{-2}$ 的电热板或电炉（以便让回流液充分沸腾）。

3. $c(K_2Cr_2O_7)=0.04\ mol\cdot L^{-1}$ 的重铬酸钾溶液配制　准确称取预先在 120℃烘干 2 h 的基准或优级纯重铬酸钾约_____ g(自己计算)于 100 mL 小烧杯中，加水溶解后定量转移置 1 000 mL 容量瓶，定容。

4. 试亚铁灵指示剂　称取 1.485 g 邻菲罗琳（$C_{12}H_8N_2\cdot H_2O$, l, 10-phenanthnoline），0.695 g 硫酸亚铁（$FeSO_4\cdot 7H_2O$）溶于水，稀释至 100 mL，贮于棕色瓶中。

5. $c[(NH_4)_2Fe(SO_4)_2\cdot 6H_2O]=0.1\ mol\cdot L^{-1}$ 的硫酸亚铁铵溶液配制　称取 39.5g 硫酸亚铁铵溶于水中，边搅拌边缓慢加入 20 mL 浓硫酸，冷却后移入 1 000 mL 容量瓶中，加水稀释至标线，摇匀。临用前，用重铬酸钾标准溶液标定。

6. 硫酸—硫酸银溶液 于 500 mL 浓硫酸中加入 5 g 硫酸银，放置 1～2 天，不时摇动使其溶解。

7. 硫酸汞 结晶或粉末。

四、实验步骤

1. 硫酸亚铁铵标准溶液标定

准确吸取 10.00 mL 重铬酸钾标准溶液于 500 mL 锥形瓶中，加水稀释至 110 mL 左右，缓慢加入 30 mL 浓硫酸，混匀，冷却后加入 3 滴试亚铁灵指示剂（约 0.15 mL），用硫酸亚铁铵标准溶液滴定至溶液的颜色由黄色经蓝绿色至红褐色即为终点。准确计算硫酸亚铁铵标准溶液浓度。

2. 水中耗氧量的测定

准确吸取 20.00 mL 混合均匀的水样置 500 mL 磨口锥形瓶中，加入 0.5 g 硫酸汞和 5 mL 浓硫酸，摇匀。准确加入 10.00 mL 重铬酸钾标准溶液，慢慢加入 30 mL 硫酸—硫酸银溶液，轻轻摇动锥形瓶使溶液混匀，加数粒玻璃珠（以防爆沸）加热回流 2 h。

冷却后，先用少许水冲洗冷凝器壁，然后取下锥形瓶，用水稀释，总体积不少于 140 mL，否则因酸度太大，滴定终点不明显。

溶液再度冷却后，加入 3 滴试亚铁灵指示剂，用硫酸亚铁铵标准溶液滴定至溶液的颜色由黄色经蓝绿色至红褐色即为终点。记录硫酸亚铁铵标准溶液的用量 $V_1[(NH_4)_2Fe(SO_4)_2\cdot 6H_2O]$。

测定水样的同时，以 20.00 mL 蒸馏水，按同样操作步骤做空白试验，记录滴定空白时硫酸亚铁铵标准溶液的用量 $V_0[(NH_4)_2Fe(SO_4)_2\cdot 6H_2O]$。

化学耗氧量（$mg\cdot L^{-1}$）：

$$\rho(O_2)=\{V_0[(NH_4)_2Fe(SO_4)_2]-V_1[(NH_4)_2Fe(SO_4)_2]\}\times c[(NH_4)_2Fe(SO_4)_2]\times M(O_2)/4V$$

五、思考题

实验中加入硫酸银的作用是什么？

4.13 高锰酸钾法测定 H_2O_2 含量

一、实验目的

1. 学习高锰酸钾法测定 H_2O_2 的基本原理和方法。
2. 熟练掌握滴定分析的基本操作。

二、实验原理

H_2O_2 在纺织、印染、电镀、化工、水泥生产等方面具有广泛用途，在医药、食品加工等方面用做消毒、杀菌剂。在生物化学中，常利用测定 H_2O_2 的方法间接测定过氧化氢酶的含量。

在稀 H_2SO_4 溶液中，H_2O_2 在室温条件下能定量还原高锰酸盐，因此可用高锰酸钾法测定 H_2O_2 的含量，反应式为：

$$2MnO_4^{2-} + 5H_2O_2 + 6H^+ = 2Mn^{2+} + 5O_2\uparrow + 6H_2O$$

市售 H_2O_2 含量在 30% 左右，浓度过大又极不稳定，需稀释 100 余倍后才适宜滴定。如 H_2O_2 试样系工业产品，则常含有少量乙酰苯胺等有机物（作稳定剂），这些有机物也将消耗 $KMnO_4$ 引起误差。如遇此情况，应采用铈量法或碘量法进行测定。

三、实验用品

H_2SO_4 溶液（1:5）、$Na_2C_2O_4$（固体，分析纯，105℃干燥 2 h 后备用）、$KMnO_4$（固体，分析纯）、甲基橙指示剂（0.1%水溶液）、筛子（80～100 目）。

四、实验步骤

1. $c(KMnO_4)=0.02\ mol\cdot L^{-1}$ 的高锰酸钾溶液配制

称取约______ g（自己计算），$KMnO_4$ 置于 100 mL 烧杯中，加约 400 mL 蒸馏水溶解，加热至沸并保持微沸 15 min；冷却放置一周后用微孔玻璃漏斗过滤，将滤液保存在磨口棕色瓶中，摇匀。

2. 标定 $KMnO_4$ 溶液

准确称取______ g（自己计算），基准物 $Na_2C_2O_4$ 三份，分别置于三个锥形瓶中，加约 30 mL 蒸馏水及 $c(H_2SO_4)=3\ mol\cdot L^{-1}$ 硫酸 10 mL，溶解后加热至 80℃左右。注意勿使其沸腾，否则会加速 $H_2C_2O_4$ 的分解。趁热用 $KMnO_4$ 溶液滴定，开始滴定要慢，即滴入第一滴 $KMnO_4$ 溶液后，摇匀，待颜色完全褪去后再滴加第二滴。随着反应速度加快，可逐渐增快滴定速度。但在整个滴定过程中，$KMnO_4$ 滴加速度不宜过快，因在热的酸性溶液中 $KMnO_4$ 会分解。滴定时 $KMnO_4$ 溶液应直接滴入 $Na_2C_2O_4$ 溶液中。当滴定至溶液呈粉红色并且在 30 s 内不褪色即为终点，此时溶液温度不应低于 60℃。平行滴定三份，计算 $KMnO_4$ 溶液的准确浓度：

$$c(KMnO_4)=\frac{M(Na_2C_2O_4)\times 2}{M(Na_2C_2O_4)\times 5\times V(KMnO_4)}$$

3. H_2O_2 含量的测定

准确移取 25.00 mL 已稀释过的 H_2O_2 溶液（取样量视试样中 H_2O_2 的含量而定）于锥形瓶中，加入 $c(H_2SO_4)=3\ mol\cdot L^{-1}$ 的硫酸溶液 10 mL，立即用 $KMnO_4$ 标准溶液滴定。开始滴定要慢，待第一滴 $KMnO_4$ 溶液完全褪色后，再滴第二滴。随着反应速度加快，可逐渐增加滴定速度，终点时溶液应呈粉红色并且在 30 s 内不褪色。平行测定后，计算试液中 H_2O_2 的质量浓度 $\rho(H_2O_2)/g\cdot L^{-1}$，两次平行测定相对误差不得大于 0.3%：

$$\rho(H_2O_2)=\frac{c(KMnO_4)\times V(KMnO_4)\times 5\times M(H_2O_2)}{2\times V(H_2O_2)}\times \text{稀释倍数}$$

五、思考题

1. 用下法配制 $c(KMnO_4)=0.02\ mol\cdot L^{-1}$ 的 $KMnO_4$ 标准溶液：准确称取 3.161 g $KMnO_4$ 溶于煮沸过的蒸馏水，转移至 1 L 容量瓶中，加水至刻线，摇匀。试问上述操作有什么错误？

2. $KMnO_4$溶液能否用滤纸过滤？为什么？

3. 用 $Na_2C_2O_4$基准物标定 $KMnO_4$时，应注意哪些反应条件？

4.14 含碘食盐中含碘量的测定

一、实验目的

1. 掌握碘量法的基本原理及方法。
2. 熟练掌握滴定分析的基本操作。

二、实验原理

碘是人类生命活动不可缺少的元素之一，缺碘会导致一系列疾病的产生，如智力下降、甲状腺肿大等。因而在日常生活中，每天摄入一定量的碘是很必要的。将碘加入食盐中是一个很有效的方法。通常是将 KI 加入食盐中以达到补充碘的目的。食盐中 I^-含量一般为 $2\times10^{-3}\%\sim5\times10^{-3}\%$。

食盐中 I^-含量测定原理：在酸性溶液中 I^-经 Br_2氧化为 IO_3^-，过量的 Br_2用 HCOONa 除去。加入过量 KI 使 IO_3^-将 I^-氧化析出 I_2，然后用 $Na_2S_2O_3$标准溶液滴定。有关反应式如下：

$$I^- + 3Br_2 + 3H_2O = IO^-_3 + 6H^+ + 6Br^-$$

$$Br_2 + HCOO^- + H_2O = CO_3^{2-} + 3H^+ + 2Br^-$$

$$IO^-_3 + 5I^- + 6H^+ = 3I_2 + 3H_2O$$

$$I_2 + 2S_2O_3^{2-} = 2I^- + S_4O_6^{2-}$$

三、实验用品

$c(Na_2S_2O_3)=0.002\ mol\cdot L^{-1}$的硫代硫酸钠溶液、$Na_2CO_3$固体、$c(HCl)=1\ mol\cdot L^{-1}$的盐酸溶液、$Br_2$（饱和溶液）、HCOONa（$\omega=10\%$）、KI 溶液（$\omega=5\%$，新鲜）、淀粉（$\omega=0.5\%$，用时新配）、$K_2Cr_2O_7$（固体，分析纯）。

四、实验步骤

1. $0.002\ mol\cdot L^{-1}$的 $Na_2S_2O_3$标准溶液的配制与标定

称取______ g $Na_2S_2O_3$溶于 500 mL 新鲜煮沸并冷至室温的蒸馏水中摇匀，并加入约 0.05 g Na_2CO_3，放置数天后标定。

移取 25.00 mL $K_2Cr_2O_7$标准溶液于碘量瓶中，加入 10 mL $c(H_2SO_4)=3\ mol\cdot L^{-1}$ H_2SO_4及 20 mL 10% KI 溶液，加盖摇匀，水封，于暗处放置 5 min 后加水稀释至 100 mL，立即用 $Na_2S_2O_3$溶液滴定至红棕色变为浅黄色，加入淀粉指示剂 5 mL，继续滴定至蓝色刚好消失而呈现透明绿色为止。平行滴定三次，计算 $Na_2S_2O_3$溶液的准确浓度。

2. 食盐中含碘量的测定

称取 10 g 均匀加碘食盐（准确至 0.01 g），置于 250 mL 碘量瓶中，加 100 mL 蒸馏水溶解，加 2 mL 1 $mol\cdot L^{-1}$ HCl 和 2 mL 饱和溴水，混匀，放置 5 min，摇动下加入 5 mL 10% HCOONa 水溶液[1]，放置 5 min 后加 5 mL 5% KI 溶液，静置约 10 min，用 $Na_2S_2O_3$ 标准溶液滴定至溶液呈浅黄色时，加 5 mL 0.5%淀粉溶液，继续滴定至蓝色恰好消失为止，记录所用 $Na_2S_2O_3$ 体积 V。平行滴定三次，计算 $\omega(I)$：

$$\omega(\mathrm{I})=\frac{c(\mathrm{Na_2S_2O_3})\times V(\mathrm{Na_2S_2O_3})\times M(\mathrm{I})}{6\times m}$$

注释：

[1] 也可用 2 g 水杨酸固体代替 HCOONa 水溶液，除去多余的溴水。

4.15 磷的比色测定（钼锑抗分光光度法）

一、实验目的

1. 掌握分光光度法测定磷的原理和方法。
2. 熟悉并掌握分光光度计的基本原理和使用方法。

二、实验原理

试液中微量磷的测定，一般采用钼锑抗分光光度法（钼蓝比色法）。此法是在一定酸度和锑离子存在的条件下，磷酸根与钼酸铵形成磷钼混合杂多酸，它在常温下可迅速被抗坏血酸还原为深蓝色配合物钼蓝，蓝色的深浅与磷的含量成正比。此法适宜酸度 0.45～0.75 $mol\cdot L^{-1}$（$1/2H_2SO_4$），显色时间 30～60 min，适宜温度 20～60℃，颜色可稳定 24 h，最大吸收波长（λ_{max}）为 650 nm，含磷量为 0.05～2.0 $mol\cdot L^{-1}$ 时，服从朗伯—比尔定律。

三、实验用品

1. 仪器

分光光度计、容量瓶（50 mL）、吸量管（10 mL）。

2. 药品

磷标准溶液、磷试液、钼锑抗试剂、硫酸溶液。

四、实验步骤

取 6 只 50 mL 的容量瓶编号，用吸量管分别加入 0.00 mL、2.00 mL、4.00 mL、6.00 mL、8.00 mL、10.00 mL 磷标准溶液 5 $mg\cdot L^{-1}$，再准确移取 5.00 mL 被测试液于 50 mL 容量瓶中，在以上 7 只容量瓶中准确加入 5.00 mL 硫酸的钼锑抗混合显色剂，充分摇匀后用蒸馏水稀释定容，静置 30 min，在 650 nm 波长处，用 1 cm 比色皿，以空白溶液作参比，在分光光度计中分别测定各溶液的吸光度 A 和透光率 T，以吸光度 A 为纵坐标，磷的质量浓度为横坐标，绘制工作曲线。在所绘制的工作曲线上查得待测的磷溶液中的含磷量。

五、思考题

加入钼锑抗混合显色剂的作用是什么？加入的量过多或过少对测定结果是否有影响？

4.16　离子选择电极测定氟和氯

一、实验目的

1. 掌握电势分析法测定水中氯、氟含量的原理及方法。
2. 掌握标准加入法的原理及方法
3. 熟悉离子选择性电极的基本特性。

二、F^- 选择电极测定水中氟

F^-选择电极是目前应用最广的阴离子选择电极之一，用来定量测定其他方法不易测定的F^-。F^-浓度在 10^{-6}～1 mol·L^{-1} 范围内，氟电极电势与 pF 值呈线性关系。通常用标准曲线法测定氟。

1. 实验用品

（1）TISAB 溶液　将 102 g KNO_3、83 g NaAc、32 g 柠檬酸钠放入 1 L 烧杯中，加入冰醋酸 14 mL，再加入 600 mL 蒸馏水溶解，溶液的 pH 值应为 5.0～5.5，如超出此范围应加 NaOH 或 HAc 调节，调节好后加蒸馏水至总体积为 1 L。

（2）c(NaF)=0.100 mol·L^{-1} 的氟标准溶液　准确称取已在 120℃烘干 2 h 以上 NaF 2.100 g 于 500 mL 烧杯，加入 100 mL TISAB 溶液和 300 mL 蒸馏水，溶解后转移至 500 mL 容量瓶中定容。保存于聚乙烯塑料瓶中备用。

（3）pHS-2C 酸度计。

2. 操作步骤

（1）调节好 pHS-2C 酸度计 mV 挡，装上氟电极和饱和甘汞电极（SCE），氟电极在蒸馏水中的电极电势应达到生产厂家标明的空白值。

（2）取 5 个干净的 50 mL 容量瓶，编号。在第一个容量瓶中加入 10.0 mL TISAB 溶液，其余加 9 mL　TISAB 溶液，用 5 mL 移液管吸取 c(NaF)=0.100 mol·L^{-1} 标准溶液 5.0 mL 放入第一个容量瓶中，加水稀释至刻度，摇匀，即为 1.00×10^{-2} mol·L^{-1} F^- 溶液。1.00×10^{-6}～1.00×10^{-3} mol·L^{-1} F^- 溶液逐一稀释配制。

取 2 个干净的 50 mL 容量瓶，分别加入 10.0 mL TISAB 溶液，加自来水样至刻度线，摇匀。

将标准系列溶液分别倒入干净的 50 mL 烧杯中，插入氟电极和饱和甘汞电极，搅拌 3～4 min，停止搅拌，待指针稳定后读取平衡电势值。测量的顺序是从稀到浓，这样在转移溶液时电极不必用水冲洗，仅用滤纸吸去附着溶液即可。

将电极用水冲洗，使其在蒸馏水的电极电势与起始的空白值接近。再测自来水样电势值。

以测得的标准系列的电势值（mV）为纵坐标，以相应的 pF 为横坐标，绘制工作曲线。从工作曲线上查得样品溶液的 pF 值，再换算成自来水样中的含氟量，并以 F^- 的质量浓度 $\rho(F)/mg\cdot L^{-1}$ 表示。

三、Cl^-选择电极测定自来水中的氯

Cl^-选择电极的感应膜是由 $AgCl^-Ag_2S$ 组成，对 Cl^- 在 5×10^{-5}～5×10^{-2} $mol\cdot L^{-1}$ 有线性关系，利用标准曲线法或标准加入法可测定试样中氯的含量。在一定量的 TISAB 存在下，适合的 pH 值工作范围是 2.0～12.0。干扰离子有 Br^-、I^-、S^{2-}、NH_3、CN^-等。

本实验用标准曲线法测自来水中氯的含量。

1. 实验用品

（1） Cl^- 标准溶液　取经过 120℃烘干 2 h 的 NaCl 2.922 g 于 150 mL 烧杯中，用水溶解后转入 1 000 mL 容量瓶中定容，此溶液浓度为 $c(Cl^-)=0.050\,0\ mol\cdot L^{-1}$。

（2）TISAB 溶液　称取分析纯 $NaNO_3$ 84.99 g 于 150 mL 烧杯中，用水溶解后转入 1 000 mL 容量瓶中定容，转入塑料瓶中存入冰箱。

（3） pHS-2C 酸度计。

2. 操作步骤

（1）调节好 pHS-2C 酸度计 mV 挡，装上 Cl^-选择电极及参比电极（单液接饱和甘汞电极因在测定过程中 Cl^-的扩散，影响 Cl^-的测定，故本实验中采用双液接饱和甘汞电极（也称双盐桥饱和甘汞电极）作参比电极。它包括内盐桥和外盐桥，由一个陶瓷塞相连，内盐桥充饱和 KCl 溶液，外盐桥充 KNO_3（或 $NaNO_3$）溶液，使用时 KNO_3 溶液必须新鲜加入，不使用时，外盐桥套管不可被 KCl 溶液污染。Cl^-电极在蒸馏水中的电极电势应达到空白值方可使用。

（2）取 7 个干净的 50 mL 容量瓶，顺序编号，每瓶中各加 1.0 mL TISAB 溶液。吸取 Cl^- 标准溶液（$c(Cl^-)=0.050\,0\ mol\cdot L^{-1}$）0.50 mL、1.00 mL、2.50 mL、5.00 mL、10.00 mL 分别加入 1～5 号瓶中，用蒸馏水稀释到刻线。6、7 号瓶中加入待测自来水至刻度线。摇匀待测。

将标准系列溶液由低浓度到高浓度逐个转入小烧杯中，浸入参比电极和指示电极。用磁搅拌器搅拌 2～3 min 后，停止搅拌，待指针稳定后读取平衡电势值。测量的顺序是从稀到浓，这样在转移溶液时电极不必用水冲洗，仅用滤纸吸去附着溶液即可。

将电极用水冲洗，使其在蒸馏水的电极电势与起始的空白值接近。再测自来水样电势值。

以测得的标准系列的电势值（mV）为纵坐标，以相应的 pCl（$c(Cl^-)$））为横坐标，绘制工作曲线。从工作曲线上查得样品溶液的 $c(Cl^-)$值，再换算成自来水样中的含氯量并以 Cl^- 的质量浓度 $\rho(Cl)\ /mg\cdot L^{-1}$ 表示。

四、思考题

以离子选择电极测定氟和氯的实验所用的 TISAB 溶液各组分所起的作用为例，说明离子选择电极法测定中用 TISAB 溶液的意义。

第 5 章　合成与制备

5.1　肥皂的制备与性质

一、实验目的

1. 了解皂化反应原理及肥皂的制备方法。
2. 熟悉盐析原理及操作。

二、实验原理

油脂和氢氧化钠共煮，水解为高级脂肪酸钠和甘油，前者经加工成形后就是肥皂。

$$\begin{array}{l} H_2C-O-\overset{\overset{\displaystyle O}{\|}}{C}-R_1 \\ \ \ | \\ HC-O-\overset{\overset{\displaystyle O}{\|}}{C}-R_2 \\ \ \ | \\ H_2C-O-\overset{\overset{\displaystyle O}{\|}}{C}-R_3 \end{array} + 3NaOH \longrightarrow \begin{array}{l} H_2C-OH \\ \ \ | \\ HC-OH \\ \ \ | \\ H_2C-OH \end{array} + \begin{array}{l} NaO-\overset{\overset{\displaystyle O}{\|}}{C}-R_1 \\ NaO-\overset{\overset{\displaystyle O}{\|}}{C}-R_2 \\ NaO-\overset{\overset{\displaystyle O}{\|}}{C}-R_3 \end{array}$$

生成的高级脂肪酸的钠盐即通常所用的肥皂，所以油脂在碱性溶液中的水解反应又称为皂化反应。当加入饱和食盐水后，由于肥皂不溶于食盐水而被盐析出来，而甘油则能溶解在食盐水里，据此可将甘油与肥皂分开。

生成的甘油用 $CuSO_4$ 和 NaOH 溶液检验，甘油在碱性条件下与酮盐形成绛蓝色溶液，证明甘油是油脂的组成部分。

肥皂有乳化作用，因而能去污垢，但若与强酸作用生成不溶于水的高级脂肪酸，就会失去乳化剂的作用，因此肥皂不宜在酸性溶液中使用。

$$RCOONa + HCl \longrightarrow RCOOH + NaCl$$

肥皂也不宜在硬水中使用，因为在含有 Ca、Mg 的硬水中肥皂转化为不溶性的高级脂肪酸的钙盐（钙皂）或镁盐（镁皂），也不起乳化剂的作用。因此，用硬度高的水洗衣服时，肥皂消耗多且不易洗净。

$$2RCOONa + CaCl_2 \longrightarrow (RCOO)_2Ca + 2NaCl$$

$$2RCOONa + MgSO_4 \longrightarrow (RCOO)_2Mg + Na_2SO_4$$

组成油脂的高级脂肪酸中，除硬脂酸、软脂酸等饱和脂肪酸外，还有油酸、亚油酸等不饱和脂肪酸。故不同油脂的不饱和度不同，其不饱和度可根据它们与溴或碘的加成反应进行定性或定量测定。

三、实验用品

1. 仪器

150 mL 及 300 mL 烧杯各一个、玻棒、酒精灯、石棉网、三脚架。

2. 药品

花生油（或其他动植物油脂）、NaOH（40%）、95%酒精、饱和食盐水。

四、实验步骤

1. 肥皂的制备

（1）在 150 mL 烧杯里，盛 6 g 花生油和 5 mL 95%的酒精，然后加 10 mL 40%的 NaOH 溶液。用玻棒搅拌，使其溶解（必要时可用微火加热）。

（2）把烧杯放在石棉网上（或水浴中），用小火加热，并不断用玻璃棒搅拌。在加热过程中，倘若酒精和水被蒸发而减少应随时补充，以保持原有体积。为此可预先配制酒精和水的混合液（1:1）20 mL，以备添加。

（3）用玻璃棒取出几滴试样放入试管，在试管中加入蒸馏水 5～6 mL，加热振荡。静置时，有油脂分出，说明皂化不完全，可滴加碱液继续皂化。

（4）将 20 mL 热的蒸馏水慢慢加到皂化完全的黏稠液中，搅拌使它们互溶。然后将该黏稠液慢慢倒入 150 mL 热的饱和食盐溶液中，边加边搅拌。静置后，肥皂便盐析上浮，待肥皂全部析出、凝固后可用玻棒取出，肥皂即制成。

2. 肥皂的性质

取少量所制肥皂置于小烧杯中，加 20 mL 蒸馏水，在沸水浴中稍稍加热，并不断搅拌，使其溶解为均匀的肥皂水溶液。

（1）取一支试管，加入 2 mL 肥皂水溶液，在不断搅拌下徐徐滴加 10% HCl 溶液。观察现象，并说明原因。

（2）取两支试管，各加入 2 mL 肥皂水溶液，再分别加入 5～10 滴 10% $CaCl_2$ 和 10% $MgSO_4$ 溶液。有何现象产生，为什么？

（3）取一支试管，加入 2 mL 蒸馏水和 1～2 滴菜油，充分振荡，观察乳浊液的形成；另取一支试管，加入 2 mL 肥皂水溶液，也加 1～2 滴菜油，充分振荡，观察有何现象。将两只试管静置数分钟后，比较两者稳定程度有何不同，为什么？

3. 油脂中甘油的检验

取两支试管，一支加入 1 mL 步骤 1（4）中溶液，另一支加入 1 mL 蒸馏水作空白试验。然后在两支试管中各加入 5 滴 5% NaOH 溶液及 3 滴 5% $CuSO_4$ 溶液，比较两者颜色有何区别。（为什么？）

说明：

（1）油脂不易溶于碱性溶液，加入酒精为的是增加油脂在碱液中的溶解度，加快皂化反应速度。

（2）加热若不用水浴，则必须用小火。

（3）皂化反应时，要保持混合液的原有体积，不能让烧杯里的混合液煮干或溅溢到烧杯外面。

（4）加入氯化钠的溶液的作用是使肥皂析出（盐析），因为氯化钠的加入降低了高级脂肪酸钠的溶解性。

五、思考题

1. 肥皂在酸性环境中起作用吗？
2. 肥皂在硬度较高的水中起作用吗？

5.2 乙酸乙酯的合成

一、实验目的

1. 了解酯化反应的原理，学习乙酸乙酯的制备方法。
2. 进一步掌握蒸馏基本操作及液体化合物折光率的测定方法。
3. 学习并掌握分液漏斗的使用，液体化合物的洗涤、干燥等基本操作。

二、实验原理

在少量浓 H_2SO_4 催化下，CH_3COOH 和 C_2H_5OH 反应生成 $CH_3COOC_2H_5$：

$$CH_3COOH + C_2H_5OH \underset{\text{加热}}{\overset{\text{浓}H_2SO_4}{\rightleftharpoons}} CH_3COOC_2H_5 + H_2O$$

酯化反应是可逆反应。为了提高酯的收率，根据化学平衡原理，可增加某一反应物的用量或减少生成物的浓度，以使平衡向生成 $CH_3COOC_2H_5$ 的方向移动。本实验采用加过量 C_2H_5OH 以及不断蒸出反应中产生的 $CH_3COOC_2H_5$ 和 H_2O 的方法，使平衡向右移动。

蒸出产物酯和 H_2O，大都利用形成低沸点的共沸混合物来完成。$CH_3COOC_2H_5$ 与 H_2O 或 C_2H_5OH 分别形成二元共沸物，也可与之形成三元共沸物，其共沸点均比 C_2H_5OH（bp.78.4℃）和 CH_3COOH（bp.118℃）的沸点低，因此很容易蒸出。另外，浓 H_2SO_4 除其催化作用外，还能吸收反应生成的 H_2O，亦有利于酯化反应的进行。

反应温度较高时，伴有副产物$(C_2H_5)_2O$ 的生成。

得到的粗品中含有 C_2H_5OH、CH_3COOH、$(C_2H_5)_2O$、H_2O 等杂质，需进行精制除去。

三、实验用品

1. 仪器

阿贝折光仪、加热套、台天平、三口烧瓶、直形冷凝器、150℃温度计、铁架台、滴液漏斗、分液漏斗、长颈漏斗、250 mL 烧瓶、锥形瓶、烧杯、量筒。

2. 药品

冰乙酸、95%乙醇、浓硫酸、饱和氯化钙溶液、饱和碳酸钠溶液、饱和氯化钠溶液、无水硫酸钠。

3. 其他

滤纸、pH 试纸、沸石。

四、实验步骤

1. 粗乙酸乙酯的合成

在 250 mL 三口烧瓶中加入 15 mL 乙醇（95%），一边振摇一边分次加入 15 mL 浓硫酸，放 2～3 粒沸石。在滴液漏斗中加 15 mL 乙醇（95%）和 15 mL 冰乙酸，振摇均匀，将滴液漏斗插在三口烧瓶上，装上温度计（150℃），滴液漏斗末端和温度计水银球必须浸入液面以下，但不要碰到瓶底。

在加热前先从滴液漏斗中放出 3～4 mL 反应物到三口瓶中，然后先通入冷凝水再用电热套加热。当温度计的温度升到 110℃时，开始由滴液漏斗中逐滴加入反应物，最佳的滴加速度为每秒 1 滴，与蒸出速度相同。不要加料过快，否则乙酸和乙醇会先被蒸馏出来。控制反应温度在 110～125℃。滴加完毕，继续加热，直至反应液的温度升到 130℃不再有液体馏出时，停止加热。得到乙酸乙酯粗品，其中含乙醇、乙酸、乙醚和水等杂质。

2. 乙酸乙酯的精制

将粗乙酸乙酯转入分液漏斗中，慢慢加入 10 mL 饱和 Na_2CO_3 溶液，塞紧上塞，振荡，并随时旋开活塞放出反应产生的 CO_2 气体。静置分层，放掉下层水层，用蓝色石蕊试纸检验水层是否呈酸性，如显酸性，继续补加饱和 Na_2CO_3 溶液并重复上述操作。酯层用 10 mL 饱和 NaCl 溶液洗去残留的 Na_2CO_3 和少量溶于水的乙酸乙酯，分掉下层水层，再用 10 mL 饱和 $CaCl_2$ 溶液洗去粗品中的乙醇，分掉下层水层。酯层从分液漏斗上口倒入干燥的锥形瓶中，加入约 2～3 g 无水 Na_2SO_4，干燥 30 min。

将干燥好的乙酸乙酯转移到 50 mL 圆底烧瓶中，注意不要倾入 Na_2SO_4 固体。在蒸馏瓶中放 1～2 粒沸石，蒸馏。用事先称重的干燥锥形瓶收集 73～78℃时的馏分。称量瓶和乙酸乙酯的重量，计算产率：

$$产率=实际产量/理论产量\times 100\%$$

3. 折光率的测定

蒸馏后得到的乙酸乙酯纯品用阿贝折射仪测量折光率。记录有关数据并与文献数据比较。

五、注意事项

1. 温度不宜过高，否则会增加副产物乙醚的含量。滴加速度太快会使乙醚和乙酸来不及作用而被蒸出。

2. 碳酸钠必须洗去，否则下一步用饱和氯化钙溶液，造成分离的困难。为减少在水中的溶解度，故在这里用饱和食盐水洗。

3. 由于水与乙醇、乙酸乙酯形成二元或三元恒沸物，故在未干燥前已是清亮透明溶液，因此，不能以产品是否透明作为是否干燥好的标准，应以干燥剂加入后吸水情况而定。

六、思考题

1. 酯化反应有什么特点？本实验如何使酯化反应向生成酯的方向进行？

2. 在酯化反应中加入浓 H_2SO_4 有哪些作用？在反应过程中 H_2SO_4 是否有消耗？

3. 在纯制去酸的操作中，使用 Na_2CO_3 溶液去酸，若用浓 NaOH 溶液，可能出现什么情况？

4. 实验中用饱和 $CaCl_2$ 溶液洗涤可除去酯层中的少量 C_2H_5OH，用 H_2O 代替饱和 $CaCl_2$ 溶液洗涤可以吗？

5.3 乙酰水杨酸的合成

一、实验目的

1. 通过制备乙酰水杨酸，了解酰化反应的原理和酰基化试剂的使用。

2. 利用酚的性质检验产品纯度。

二、实验原理

水杨酸是一种具有双官能团的化合物，一个是酚羟基，另一个是羧酸基。羟基和羧酸基都会发生酯化，而且还可以形成分子内氢键，阻碍酰化和酯化反应的发生。

乙酰水杨酸（acetyl salicylic acid，即阿司匹林 Aspirin）是一种非常普遍的治疗感冒的药物，有解热止痛的效用，同时还可软化血管。制备反应为：

$$C_6H_4(COOH)(OH) + (CH_3CO)_2O \xrightarrow{H^+} C_6H_4(COOH)(OCOCH_3) + CH_3COOH$$

三、实验用品

水杨酸（邻羟基苯甲酸）、醋酸酐、85%磷酸、1%三氯化铁溶液。

四、实验步骤

取 4 g（0.028 mmol）水杨酸放人 50 mL 的锥形瓶中，慢慢加入 10 mL（0.106 mol）醋酸酐，用滴管加入 85%磷酸（或浓硫酸）3 滴，摇动使水杨酸溶解，水浴加热（90℃）10～20 min 后冷却至室温，再放入冰水中冷却片刻，即有乙酰水杨酸晶体析出。若无晶体析出，可用玻璃棒摩擦瓶壁促使结晶。晶体析出后再加 100 mL 水，继续在冰水浴中冷却，使晶体完全析出。抽滤，用少量水洗涤晶体，完全抽干后在红外灯下烘干。粗产品可用 1% 的三氯化铁溶液检验是否有酚羟基存在。计算产率，测量熔点（文献记载乙酰水杨酸熔点 134～136℃）。

$$产率=\frac{实际产量}{理论产量}\times 100\%$$

五、注意事项

1. 由于分子内氢键的作用，水杨酸与醋酸酐直接反应需在 150～160℃才能生成乙酰水杨酸。加入酸的目的主要是破坏氢键的存在，使反应在较低的温度（90℃）下就可以进行，而且可以大大减少副产物，因此实验中要注意控制好温度。

2. 此反应开始时，仪器应经过干燥处理，药品也要事先经过干燥处理。

3. 粗产品可用乙醇－水，或 1:1（体积比）的稀盐酸，或苯和石油醚（30～60℃）的混合溶剂进行重结晶。

4. 如粗产品中混有水杨酸，用 1% 三氯化铁检验时会显紫色。

六、思考题

1. 水杨酸与乙酸酐的反应过程中浓硫酸起什么作用?

2. 纯的乙酰水杨酸不会与三氯化铁溶液发生显色反应。然而，在乙醇－水混合溶剂中经重结晶的乙酰水杨酸有时反而会与三氯化铁溶液发生显色反应，这是为什么?

5.4　乙酰苯胺的制备

一、实验目的

1. 了解由苯胺制备乙酰苯胺的原理，学习乙酰苯胺的制备方法。

2. 学习并掌握重结晶的基本操作方法，运用重结晶法提纯化合物。

3. 了解分馏原理及其应用，掌握分馏操作方法。

二、实验原理

芳胺的酰化在有机合成中有着重要的作用。芳胺可用酰氯、酸酐或冰醋酸加热来进行酰化。冰醋酸易得、价格便宜，但需要较长的反应时间。本试验采用冰醋酸为试剂，在反应过程中，不断将反应生成的水分馏出去的方法，以获得较好的产率。

$$C_6H_5NH_2 + CH_3COOH \underset{\text{加热}}{\rightleftharpoons} C_6H_5NHCOCH_3 + H_2O$$

三、实验用品

1. 仪器

电热套、电磁搅拌器、抽滤装置、熔点仪、远红外干燥箱或远红外灯、保温漏斗、50 mL 圆底烧瓶、刺形分馏柱、温度计、锥形瓶、试管、烧杯、表面皿。

2. 药品

自制苯胺 10.2 g（10 mL，0.11 mol）、冰醋酸 15.7 g（15 mL，0.26 mol）、锌粉、活性炭。

四、实验步骤

在 50 mL 圆底烧瓶中加入 10 mL 苯胺、15 mL 冰醋酸及少许锌粉（约 0.1 g），装上一短的刺形分馏柱，其上端装一温度计，支管通过支管接引管与接收瓶相连，接收瓶外部用冷水冷却。

将圆底烧瓶用小火加热，使反应物保持微沸约 15 min。然后逐渐升高温度，当温度达到 100℃左右时，支管既有液体流出。维持温度在 100～110℃之间反应约 1.5 h，生成的水和大部分乙酸已被蒸出，此时温度下降，表示反应已经完成。在搅拌下趁热将反应物倒入 200 mL 冷水中，冷却后抽滤析出的固体，用冷水洗涤。粗产品产量约 9～10 g。

粗产品用水重结晶。将粗产品放在一烧杯中，加入少量水，搅拌加热至沸，若仍不完全溶解，再加入少量水，直到完全溶解后（无油珠状物），再多加 2～3 mL 水。稍冷，加入少许活性炭，搅拌后再煮沸 1～2 min。趁热用保温漏斗过滤（要注意滤前溶液的保温，避免乙酰苯胺滤前析出，造成损失或过滤的过程中滤液冷却析出晶体堵塞漏斗），为了加快过滤速度，采用扇形折叠滤纸。

待滤液充分冷却析出晶体后，抽滤并用少量水洗涤晶体，尽量将水抽干。将产品取出，放在一表面皿中，干燥（可用远红外干燥箱或远红外灯）。干燥后，测定产品的熔点，纯乙酰苯胺的熔点为 114.3℃。

五、注意事项

1. 学生自制的苯胺中有少量硝基苯，可用盐酸使苯胺成盐溶解后，用分液漏斗分出硝基苯油珠。

2. 加入锌粉的目的是防止苯胺在反应过程中被氧化，生成有色杂质。

3. 因属小量制备，最好用微量分馏管代替刺形分馏柱。分馏管支管用一段橡皮管与玻璃管相连，玻管下端伸入试管中，试管外部用冷水冷却。

六、思考题

1. 反应时为什么要控制分馏柱上端的温度在 100～110℃之间？温度过高有什么不好？

2. 根据理论计算，反应时应产生几毫升水？为什么实际收集的液体远多于理论量？

5.5　正丁醚的制备

一、实验目的

1. 掌握醇分子间脱水制备醚的反应原理和实验方法。

2. 学习使用分水器的实验操作。

二、实验原理

主反应：

$$2C_4H_9OH \xrightarrow{H_2SO_4} C_4H_9\text{-}O\text{-}C_4H_9 + H_2O$$

可能的副反应：

$$2C_4H_9OH \xrightarrow{H_2SO_4} C_2H_5CH{=}CH_2 + H_2O$$

三、实验用品

正丁醇、浓硫酸、无水氯化钙、5%氢氧化钠、饱和氯化钙。

四、实验装置（图 5-1）

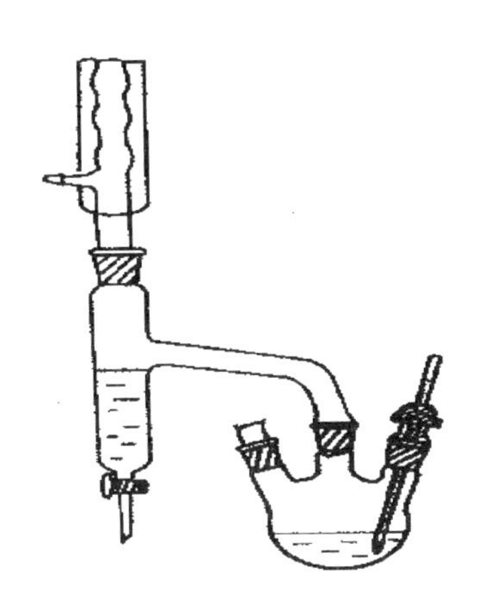

图 5-1　实验 5.5 装置

五、实验步骤

1. 投料。在 100 mL 三口烧瓶中，加入 15.5 mL 正丁醇、2.2 mL 浓硫酸和几粒沸石，摇匀后，一口装上温度计，温度计插入液面以下，另一口装上分水器，分水器的上端接一回流冷凝管。先在分水器内放置（$V-V_0$）mL 水。

2. 电热套为热源，安装分水回流装置。

3. 加热回流、分水。小火加热至微沸，回流，进行分水。反应中产生的水经冷凝后收集在分水器的下层，上层有机相积至分水器支管时，即可返回烧瓶。大约 1 h 后，三口瓶中反应液温度可达 134～136℃。当分水器全部被水充满时停止反应。若继续加热，则反应液变黑并有较多副产物烯烃生成。

4. 分离粗产物。将反应液冷却到室温后倒入盛有 25 mL 水的分液漏斗中，充分振摇，静置后弃去下层液体。上层为粗产物。

5. 洗涤粗产物。粗产物依次用 10 mL 水、8 mL 5%氢氧化钠溶液、10 mL 水和 8 mL 饱和氯化钙洗涤，然后用 2 g 无水氯化钙干燥。

6. 收集产物。将干燥好的产物移至小蒸馏瓶中，蒸馏，收集 139～142℃的馏分，n_D^{20}= 1.399 2 。

六、注意事项

1. 本实验根据理论计算失水体积为 1.5 mL，故分水器放满水后先放掉约 1.7 mL 水。
2. 制备正丁醚的较适宜温度是 130～140℃，但开始回流时，这个温度很难达到，因为正丁醚可与水形成共沸点物（沸点 94.1℃，含水 33.4%）；另外，正丁醚与水及正丁醇形成三元共沸物（沸点 90.6℃，含水 29.9%，正丁醇 34.6%），正丁醇也可与水形成共沸物（沸点 93℃，含水 44.5%），故应在 100～115℃之间反应半小时之后可达到 130℃以上。
3. 在碱洗过程中，不要太剧烈地摇动分液漏斗，否则生成乳浊液，使分离困难。
4. 正丁醇溶在饱和氯化钙溶液中，而正丁醚微溶。

七、思考题

1. 如何得知本反应已经比较完全？
2. 反应物冷却后为什么要倒入 25 mL 水中？各步的洗涤目的何在？
3. 如果反应温度过高，反应时间过长，可导致什么结果？
4. 为什么要先在分水器内放置（V-V_0）mL 水？（V_0 为反应中生成的水量）

附：实验 5.5 主要原料、产品和副产物的物理常数（表 5-1）

表 5-1　实验 5.5 相关化合物的物理常数

名　称	分子量	性状	折光率	比重	熔点/℃	沸点/℃	溶解度：g/100 mL 溶剂		
							水	醇	醚
正丁醇	74.1	无色液	1.399	0.89	−89.8	118	9^{15}		
正丁醚	130.23	无色液	1.3992	0.764	−98	142.4	<0.05		
浓 H_2SO_4	98.08	无色液		1.84	10.35	340			
1—丁烯	56	气体		0.595	−185	-6.3			

5.6　维生素 B_1（VB_1）催化合成 1,2－二苯羟乙酮（安息香）

一、实验目的

1. 学习安息香辅酶合成的制备原理和方法。
2. 熟悉回流、抽滤、重结晶等基本操作。

二、实验原理

安息香（Benzoin）又称苯偶姻、二苯乙醇酮、2—羟基—2—苯基苯乙酮或 2—羟基—1,2—二苯基乙酮，是一种无色或白色晶体，主要用于荧光反应检验锌、有机合成、作为测热法的标准及防腐剂、药物和润湿剂的原料、生产聚酯的催化剂等。

安息香科（Styracaceae）植物主要由小灌木和乔木组成，分布于热带和亚热带地区。据《中药大辞典》记载，安息香具有开窍醒神、行气活血、镇惊息风等功效。

安息香缩合反应已有相当长的历史，经典的安息香合成以氰化钠或氰化钾为催化剂，虽然产率较高，但合成产物的毒性很大，易造成环境污染，损害人体健康。目前关于安息香的合成有以下几种方法：VB_1 催化法，相转移催化—VB_1 法，超声波—VB_1 法，微波—VB_1 法，金属催化法，生物催化法，N—杂环卡宾催化法等。

VB_1 又称硫胺素或噻胺，结构如图 5-2 所示，是一种生物辅酶，它在生化过程中主要是对 α—酮酸的脱羧和生成偶姻等三种酶促反应发挥辅酶的作用。VB_1 分子右边噻唑环上的氮原子和硫原子之间的氢有较大的酸性，在碱性条件下易被除去形成碳负离子，从而催化安息香的形成。

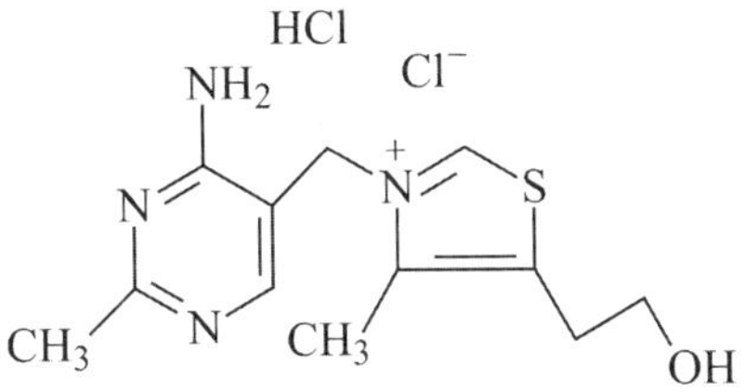

图 5-2　盐酸 VB_1 结构

以 VB_1 为催化剂进行安息香缩合反应的反应机理如图 5-3 所示。

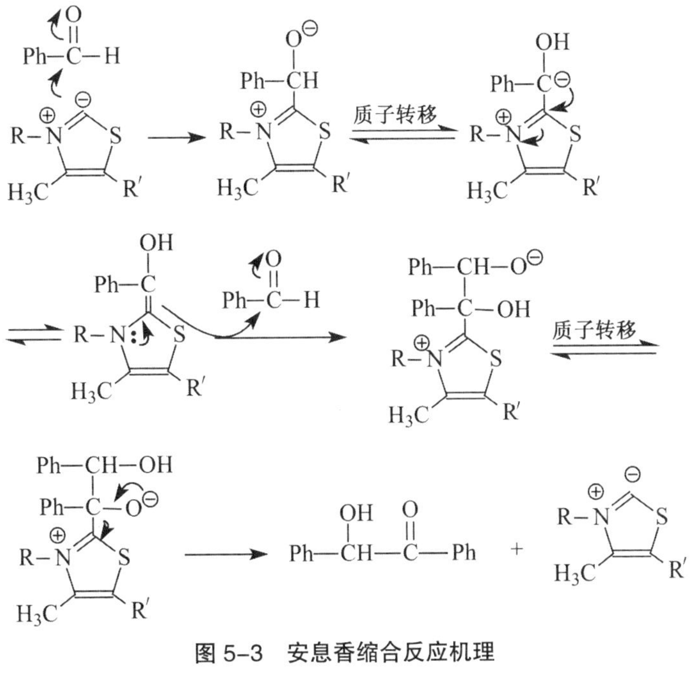

图 5-3　安息香缩合反应机理

VB_1 分子中含有一个噻唑环与嘧啶环，碱夺去噻唑环上的氢原子，产生的碳负离子和邻位带正电荷的氮原子形成稳定的两性离子－内鎓盐或称叶立德即碳负离子。噻唑环上碳负离子与苯甲醛的羰基加成，形成烯醇（胺）式加合物，环上的带正电荷的氮原子起了调节电荷的作用。

三、实验用品

1. 仪器

圆底烧瓶（25 mL）、微型球形冷凝管、微型蒸馏头、量筒、烧杯、玻璃棒、温度计、抽滤瓶、布氏漏斗、水浴锅、温度计（150℃）、小滴管、显微熔点仪、IR 光谱测量仪。

2. 药品

新蒸的苯甲醛、盐酸 VB_1、氢氧化钠溶液（3 mol·L^{-1}）、95%乙醇、活性炭、锌粉。

3. 其他

pH 试纸。

四、实验步骤

1. 在 25 mL 的烧瓶中，加入 0.6 gVB_1和 1 mL 水、4 mL95%乙醇，在冰水浴冷却下，慢慢滴入 3 mol·L^{-1} NaOH 溶液，将酸度准确调至 pH＝10～11（约 1～2 mL NaOH 溶液），并不断搅拌。此时溶液呈黄色。

2. 去掉冰水浴，加入 2.9 g（2.8 mL）新蒸的苯甲醛，欲防止苯甲醛被氧化，可在烧瓶中加入少量锌粉，装上回流冷凝管，80～90℃水浴回流 60 min，回流期间不能使反应剧烈沸腾，反应混合物呈桔黄或桔红色均相溶液。

3. 撤去水浴，待反应物冷至室温，析出浅黄色结晶，再放入冰浴中冷却使之结晶完全。若出现油层，重新加热使其变成均相，再慢慢冷却结晶。

4. 抽滤，用少量冰水洗涤，得到安息香的粗产品，用 95%乙醇重结晶，如产物呈黄色，可加入少量活性炭脱色。

5. 得到纯产物为白色针状晶体，进行熔点测定。

五、注意事项

1. VB_1是催化剂，它在酸性条件下比较稳定，在水溶液或碱性条件下易开环失效。反应的第一步是加冰冷的氢氧化钠，目的是防止噻唑环发生的开环反应，促使 VB_1 形成碳负离子。因此，在实验过程中，pH 必须调节在 10～11 之间，过低无法形成碳负离子，反应无法进行；过高会使 VB_1 发生开环，如图 5-4 所示，或苯甲醛发生歧化反应生成苯甲酸和苯甲醇。

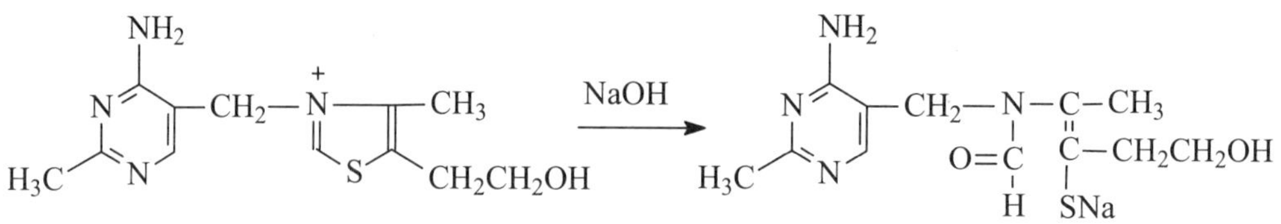

NaOH

图 5-4 VB_1开环反应

2. 注意反应过程中勿使温度过高，以避免 VB_1 结构中的噻唑环失去催化效果。

3. 苯甲醛极易被空气中的氧所氧化，如发现实验中使用的苯甲醛有固体苯甲酸存在，必须重新蒸馏后使用。

六、思考题

1. 溶液的 pH 值过高或过低，对反应有何影响？
2. 回流期间为什么不能使反应剧烈沸腾？

附：实验 5.6 反应物及产物的物理常数（表 5-2）

表 5-2　实验 5.6 相关化合物的物理常数

名称	M	d_4^{20}	m.p./℃	b.p./℃	水中溶解情况
苯甲醛	106	1.046	-26	179	微溶
盐酸 VB_1	337		246～254		溶
安息香	212	1.310	135～137	344	热水溶，冷水不溶

5.7　相转移催化合成苯乙醇酸（扁桃酸）

一、实验目的

1. 了解苯乙醇酸的制备原理和方法。
2. 学习相转移催化合成基本原理和技术。
3. 巩固萃取及重结晶操作技术。

二、实验原理

苯乙醇酸俗名扁桃酸（Mandelic acid），又称苦杏仁酸，可作医药中间体，用于合成环扁桃酸酯、扁桃酸乌洛托品及阿托品类解痛剂；也可用作测定铜和锆的试剂。

本实验利用氯化苄基三乙基铵作为相转移催化剂，将苯甲醛、氯仿和氢氧化钠在同一反应器中进行混合，通过卡宾加成反应直接生成目标产物。需要指出的是，用化学方法合成的扁桃酸是外消旋体，只有通过手性拆分才能获得对映异构。

反应式为：

$$HCCl_3 + NaOH \rightarrow :CCl_2 + NaCl + H_2O$$

$$C_6H_5CHO \xrightarrow{:CCl_2} C_6H_5\text{-}\overset{\text{C}—\text{O}}{\underset{\text{Cl}\quad\text{Cl}}{\text{C}}} \xrightarrow{\text{重排}} C_6H_5CH(Cl)COCl \xrightarrow{OH^-} \xrightarrow{H^+} C_6H_5CH(OH)COCl$$

反应中用氯化苄基三乙基铵作为相转移催化剂：

水相　$R_4N^+Cl^- + NaOH \rightleftharpoons R_4N^+OH^- + NaCl$

$\downarrow\uparrow$　　　　　　　　$\downarrow\uparrow$

$R_4N^+OH^- + CHCl_3$

$\downarrow\uparrow$

有机相　$R_4N^+Cl^- + :CCl_2 \rightleftharpoons R_4N^+CCl_3^- + H_2O$

$\downarrow C_6H_5CHO$

C—O
Cl　Cl

三、实验用品

苄氯、三乙胺、苯、苯甲醛、氯仿、30%氢氧化钠溶液、乙醚、无水硫酸镁、无水乙醇、乙醚、硫酸、甲苯。

四、实验步骤

1. 依次向 25 mL 圆底烧瓶中加入 3 mL 苄氯、3.5 mL 三乙胺、6 mL 苯、几粒沸石，加热回流 1.5 h 后冷却至室温，氯化苄基三乙基铵即呈晶体析出，减压过滤后，将晶体放置在装有无水氯化钙和石蜡的干燥器中备用。

2. 在 250 mL 三颈烧瓶上配置搅拌器、冷凝管、滴液漏斗和温度计。依次加入 2.8 mL 苯甲醛、5 mL 氯仿和 0.35 g 氯化苄基三乙基铵，水浴加热并搅拌。当温度升至 56℃时，开始自滴液漏斗中加入 35 mL 30%的氢氧化钠溶液，滴加过程中保持反应温度在 60～65℃，约 20 min 滴毕，继续搅拌 40 min，反应温度控制在 65～70℃。反应完毕后，用 50 mL 水将反应物稀释并转入 150 mL 的分液漏斗中，分别用 9 mL 乙醚连续萃取两次，合并醚层，用硫酸酸化水相至 pH=2～3，再分别用 9 mL 乙醚连续萃取两次，合并所有醚层并用无水硫酸镁干燥，水浴下蒸除乙醚即得扁桃酸粗品。将粗品置于 25 mL 烧瓶中，加入少量甲苯，回流。沸腾后补充甲苯至晶体完全溶解，趁热过滤，静置母液待晶体析出后过滤。(±)—苯乙醇酸的熔点为 120～122℃。

五、注意事项

1. 取样及反应都应在通风橱中进行。
2. 干燥器中放石蜡以吸收产物中残余的烃类溶剂。
3. 此反应是两相反应，剧烈搅拌反应混合物有利于加速反应。
4. 重结晶时，甲苯的用量约为 1.5～2.0 mL。

六、思考题

1. 以季铵盐为相转移催化剂的催化反应原理是什么？
2. 本实验中若不加季铵盐会产生什么后果？
3. 反应结束后，为什么要先用水稀释后用乙醚萃取？
4. 反应液经酸化后为什么再次用乙醚萃取？

5.8　苯甲酸的制备

一、实验目的

1. 学习由甲苯、高锰酸钾氧化制备苯甲酸的原理的方法。
2. 进一步熟练掌握回流反应、过滤、重结晶等操作。

二、实验原理

苯不易氧化，但苯环上有侧链后苯环侧链就容易氧化。一般情况下往往用甲苯和高锰酸钾反应制备苯甲酸。由于在酸性条件下反应过分剧烈，因而本实验在水溶液中进行，然后再酸化。

三、实验用品

1. 仪器

250 mL 圆底烧瓶、150 mL 三口烧瓶、球形冷凝管、表面皿、布氏漏斗、吸滤瓶、烧杯。

2. 药品

甲苯、浓盐酸、高锰酸钾、亚硫酸氢钠、刚果红试纸。

四、实验步骤

在 250 mL 圆底烧瓶中放入 3.5 mL 甲苯和 140 mL 水，投入沸石数块，瓶口装上球形冷凝管，在石棉网上加热至沸。从冷凝管上口分数次加入 10.4 g 高锰酸钾[1]，每次加后需摇动烧瓶，至反应缓和然后再加，最后用少量水将粘附在冷凝管内壁的高锰酸钾冲入瓶内。继续煮沸并时常摇动烧瓶，经过约 1.5 小时，当甲苯层近乎消失，回流不再出现油珠时，停止加热。如果反应混合物呈色，可加放少量亚硫酸氢钠使紫色褪去。

将反应混合物趁热抽气过滤，用少量热水洗涤滤渣二氧化锰，合并滤液和洗涤液。倒入烧怀中，烧杯放在冷水浴中冷却，然后用浓盐酸酸化[2]，直到苯甲酸全部析出为止。

注释：

[1]高锰酸钾要分批加入，每次加入不宜太多，否则摇动烧瓶时反应异常激烈；加高锰酸钾过程中有时会发生管道堵塞现象，可用一细长玻璃棒疏通。

[2]酸化要彻底，使苯甲酸充分结晶析出。

五、思考题

1. 在氧化反应中，影响苯甲酸产量的主要因素是哪些？
2. 为什么高锰酸钾要分批加入？

5.9 碳酸钠的制备

一、实验目的

1. 掌握碳酸钠制备反应的原理及化学方程式。
2. 学会利用各种盐类溶解度的差异并通过水溶液中离子反应来制备某种盐的方法。

二、实验原理

利用碳酸氢铵和氯化钠在水溶液中的复分解反应，生成碳酸氢钠：

$$NH_4HCO_3 + NaCl = NaHCO_3 + NH_4Cl$$

再在高温下灼烧，使它失去一部分水和二氧化碳，转化为碳酸钠。溶液中同时存在着 $NaCl$、NH_4HCO_3、$NaHCO_3$、NH_4Cl 四种盐，它们在不同温度下的溶解度见表 5-3。

表 5-3　四种盐在不同温度的溶解度（g/100g H_2O）

温度	0℃	10℃	20℃	30℃	40℃	50℃	60℃	70℃
$NaCl$	35.7	35.8	36.0	36.3	36.6	37.0	37.3	37.8
NH_4HCO_3	11.9	15.8	21.0	27.0	/	/	/	/
$NaHCO_3$	6.9	8.2	9.6	11.1	12.7	14.5	16.4	/
NH_4Cl	29.4	33.3	37.2	41.4	45.8	50.4	55.2	60.2

从表 5-3 中溶解度的数据可知，在 0～70℃温度范围内，$NaHCO_3$ 的溶解度在四种盐中是最低的，但考虑到反应温度若低于 30℃，会影响 NH_4HCO_3 的溶解度；高于 35℃，NH_4HCO_3 要分解，取 30～35℃。本实验就是利用各种盐类在不同温度下溶解度的差异，通过复分解反应，控制 30～35℃的反应温度条件，将研细的 NH_4HCO_3 固体粉末，溶于浓的 $NaCl$ 溶液中，在充分搅拌下制取 $NaHCO_3$ 晶体。再加热分解 $NaHCO_3$ 晶体可制得纯碱 $NaCO_3$。

三、实验用品

1. 仪器

烧杯、铁三角、石棉网、蒸发皿、酒精灯、泥三角、玻璃棒、水浴锅。

2. 药品

粗盐、$NH_4HCO_3(s)$。

四、实验步骤

1. 转化

加热食盐溶液，控制温度在 30～35℃之间，在不断搅拌下分多次将 11 g 碳酸氢铵加入其中，保温搅拌 30 min，静置，减压过滤，得碳酸氢钠晶体，用少量水洗涤两次，再抽干。

2. 制备

将抽干的碳酸氢钠放入蒸发皿中，在酒精灯上灼烧 30 min，即得碳酸钠，冷却到室温，称重。

五、思考题

为什么反应温度要控制在 30～35℃？

5.10　硫代硫酸钠的制备

一、实验目的

1. 掌握硫代硫酸钠合成的原理及操作。
2. 了解固液反应的操作方法。
3. 熟悉蒸发浓缩、减压过滤、结晶等基本操作。

二、实验原理

硫代硫酸钠俗称大苏打或海波，无色透明单斜晶体。亚硫酸钠溶液在沸腾温度下与硫粉化合，可制得硫代硫酸钠：

$$Na_2SO_3 + S = Na_2S_2O_3$$

常温下从溶液中结晶出来的硫代硫酸钠为 $Na_2S_2O_3 \cdot 5H_2O$，硫代硫酸钠具有很大的实用价值。在分析化学中用来定量测定碘，在纺织工业和造纸工业中作为脱氯剂，摄影业中作为定影剂，在医药中作为急救解毒剂。

三、实验用品

1. 仪器

台秤、烧杯、蒸发皿、抽滤瓶、布氏漏斗、真空泵。

2. 药品

Na_2SO_3(s)、硫粉、95%乙醇、活性炭。

四、实验步骤

1. 称取 3 g 硫粉，研碎后置于 100 mL 烧杯中，加 1 mL 乙醇使其润湿。再称取 8 g Na_2SO_3 固体放置于同一烧杯中，加水 50 mL，加热混合并不断搅拌。待溶液沸腾后改用小火加热，保持沸腾状态不少于 40 min，不断地用玻璃棒充分搅拌，直至仅有少许硫粉悬浮于溶液中，加少量活性炭作脱色剂。

2. 趁热过滤，将滤液转至蒸发皿中，水浴加热浓缩至液体表面出现结晶为止。自然冷却，晶体析出后抽滤，并用少量乙醇洗涤晶体，尽量抽干后，取出晶体置于烘箱内在 40 ℃下干燥 1 h，冷却，称重。

五、思考题

1. 要想提高硫代硫酸钠产率与纯度，实验中需注意哪些问题？
2. 过滤所得产物晶体为什么要用乙醇洗涤？
3. 所得产品为什么一般只能在 40℃烘干？

5.11 硫酸亚铁铵的制备

一、实验目的

1. 练习水浴加热、常压过滤、减压过滤和蒸发浓缩等基础操作。
2. 了解复盐的一般特征和制备方法。

二、实验原理

先将铁屑溶于稀硫酸制得硫酸亚铁溶液：

$$Fe + H_2SO_4 = FeSO_4 + H_2$$

然后加入硫酸铵制得混合溶液，加热浓缩，冷却至室温，可析出硫酸亚铁铵复盐：

$$FeSO_4 + (NH_4)_2SO_4 + 6H_2O = (NH_4)_2SO_4 \cdot FeSO_4 \cdot 6H_2O$$

三、实验用品

1. 仪器

锥形瓶、布氏漏斗、蒸发皿等。

2. 药品

铁屑、硫酸铵、硫酸溶液。

四、实验步骤

1. 制备硫酸亚铁

向装有铁屑的锥形瓶中加入 25 mL 硫酸溶液，水浴加热，经常取出摇荡，并适当补充水分，直至反应基本完成为止。然后加入 1 mL 硫酸，常压过滤，滤液转移到蒸发皿中。

2. 制备硫酸亚铁铵

称量所需量硫酸铵，加入上述溶液里，水浴加热，搅拌至硫酸铵全溶解，继续蒸发浓缩至表面出现晶膜为止。冷却，减压抽滤，用少量乙醇洗涤两次，晾干，称重。

五、思考题

为什么反应过程中要不断地补充水分？

5.12　三氯化六氨合钴（III）的制备

一、实验目的

1. 学习配合物的制备方法。
2. 加深理解配合物的形成对三价钴稳定性的影响。

二、实验原理

在通常情况下，二价钴盐较三价钴盐稳定得多，而在它们的配合物状态下却相反，三价钴比二价钴稳定。通常采用空气或过氧化氢氧化二价钴的配合物的方法，来制备三价钴的配合物。

三氯化六氨合钴（III）的制备条件是以活性炭为催化剂，用过氧化氢有氨及氯化铵存在的氯化钴（II）溶液进行反应。反应式：

$$2CoCl_2 + 2NH_4Cl_2 + 10NH_3 + H_2O_2 = 2[Co(NH_3)_6]Cl_3 + 2H_2O$$

三、实验用品

1. 仪器

锥形瓶、三颈瓶、布氏漏斗、抽滤瓶、真空泵、水浴锅。

2. 药品

氯化钴（II）、活性炭、浓氨水、氯化铵、浓盐酸、稀盐酸（$0.5\ mol \cdot L^{-1}$）。

四、实验步骤

将 4.5 g 研细的 $CoCl_2 \cdot 6H_2O$ 和 2 g 氯化铵溶于 10 mL 水中，加热溶解后倾入盛有 0.3 g 活性炭的 100 mL 锥形瓶中。冷却后，加入 10 mL 浓氨水，进一步冷却至 10 ℃以下，缓慢滴加 10 mL 6%的过氧化氢，同时搅拌，滴加完毕，水浴加热至 60 ℃。保温 20 min 后，以冰水浴冷却至 0 ℃，减压过滤，将沉淀溶于含有 1.5 mL 浓盐酸的 40 mL 沸水中；趁热减压过滤，将滤液慢慢加入 8 mL 浓盐酸于滤液中，即有橙黄色晶体析出，冰水浴冷却。减压抽滤，晶体用少量稀盐酸洗涤两次，晾干，称重。

五、思考题

1. 在制备过程中，在 60 ℃左右的水浴加热 20 min 的目的是什么？可否加热至沸？
2. 加入 H_2O_2 和浓盐酸时都要求慢慢加入，为什么？它们在制备三氯化六氨合钴（III）过程中起什么作用？

5.13　三草酸合铁酸钾的制备及组分的鉴定

一、目的要求

1. 进一步掌握无机制备的基本操作。
2. 学习用滴定分析法确定配合物的组成。

二、实验原理

三草酸根合铁（III）酸钾 $K_3[Fe(C_2O_4)_3]\cdot 3H_2O$ 是一种亮绿色单斜晶体，易溶于水（0℃时 4.7 g/100 g 水，100℃时 117.7 g/100 g 水），难溶于乙醇、丙酮等有机溶剂。110℃下可失去结晶水，230℃时即分解。光照下易分解，为光敏物质，所以常用来作为化学光量计。另外，它是制备负载型活性铁催化剂的主要原料，也是一些有机反应良好的催化剂，因此在工业上具有一定的应用价值。

目前，制备三草酸根合铁（III）酸钾的方法很多。例如，可采用氢氧化铁和草酸氢钾反应制得，也可用三氯化铁和草酸钾直接反应制备。本实验利用硫酸亚铁晶体与草酸反应得到草酸亚铁沉淀，然后在过量草酸根存在下，用过氧化氢氧化草酸亚铁即可制得三草酸根合铁（III）酸钾。由于其难溶于有机溶剂，加入乙醇后，从溶液中便可析出三草酸根合铁（III）酸钾晶体。相关反应如下：

$$FeSO_4 + H_2C_2O_4 + 2H_2O = FeC_2O_4\cdot 2H_2O\downarrow + H_2SO_4$$

$$2FeC_2O_4\cdot 2H_2O + H_2O_2 + 3K_2C_2O_4 + H_2C_2O_4 = 2K_3[Fe(C_2O_4)_3]\cdot 3H_2O$$

结晶水含量的测定可采用重量分析法：将一定质量的产品在 110℃下干燥脱水后称量，通过质量变化即可计算出结晶水的质量分数。

配离子的组成可通过滴定分析的方法确定。草酸根在酸性介质中可被高锰酸钾标准溶液直接滴定，在上述测定草酸根后剩余的溶液中，先用过量的还原剂锌粉将 Fe^{3+}还原为 Fe^{2+}，然后再用高锰酸钾标准溶液滴定即可测出 Fe^{3+}的含量。有关反应式如下：

$$5C_2O_4^{2-} + 2MnO_4^- + 16H^+ = 10CO_2 + 2Mn^{2+} + 8H_2O$$

$$5Fe^{2+} + MnO_4^- + 8H^+ = 5Fe^{3+} + Mn^{2+} + 4H_2O$$

三、实验用品

1. 仪器

台秤、布氏漏斗、吸滤瓶、真空泵、分析天平、称量瓶、烧杯、量筒、酒精灯、水浴锅、锥形瓶、酸式滴定管（50mL）、干燥器。

2. 药品

$FeSO_4\cdot 7H_2O$（AR）、3 $mol\cdot L^{-1}$ H_2SO_4、饱和 $K_2C_2O_4$溶液、3%H_2O_2、95%乙醇、锌粉、0.02 $mol\cdot L^{-1}$ $KMnO_4$标准溶液。

四、实验步骤

1. 三草酸根合铁（III）酸钾的制备

称取 4 g $FeSO_4·7H_2O$ 晶体放入烧杯中，加 15 mL H_2O 和 1 mL 3 $mol·L^{-1}$ H_2SO_4 溶液，加热溶解，再加 25 mL 1 $mol·L^{-1}$ $H_2C_2O_4$ 溶液，搅拌，加热至沸。静置得 $FeC_2O_4·2H_2O$ 沉淀，倒出上层清液，加 20 mL 蒸馏水，搅拌、温热，静置后倾出上层清液。

在上述沉淀中加入 10 mL 饱和 $K_2C_2O_4$ 溶液，水浴加热至 40℃，缓慢滴加 20 mL 3%H_2O_2 溶液，搅拌并保持在 40℃左右（有沉淀生成）。滴完 H_2O_2 后，加热至沸，再加 8 mL 1 $mol·L^{-1}$ $H_2C_2O_4$（先加 5 mL，然后慢慢滴加 3 mL），一直保持溶液沸腾。趁热过滤，在滤液中加 20 mL 95%乙醇，温热使晶体溶解。冷却结晶，抽滤至干，称量。晶体置于干燥器内避光保存。

2. 三草酸根合铁（III）酸钾配离子组成的测定

（1）$C_2O_4^{2-}$的测定

分别称取 0.15～0.20 g（准确至 0.0001g）自制的三草酸根合铁（III）酸钾晶体两份于锥形瓶中，各加入 30 mL 蒸馏水和 10 mL 3$mol·L^{-1}$ H_2SO_4 溶液。

加热此溶液至 70～85℃，在此温度下用 $KMnO_4$ 标准溶液滴定溶液至粉红色（0.5 min 不褪色）。记录 $KMnO_4$ 标准溶液的用量。保留滴定后的溶液，用作 Fe^{3+}的测定。

（2）Fe^{3+}的测定

将上述溶液加热近沸，慢慢加入少量锌粉，直至溶液黄色消失。趁热过滤于一锥形瓶中，再用 5 mL 蒸馏水洗涤残渣一次。最后用 $KMnO_4$ 标准溶液滴定至溶液呈粉红色。记录 $KMnO_4$ 标准溶液的用量。

根据滴定数据，计算 $K_3[Fe(C_2O_4)_3]·3H_2O$ 中 $C_2O_4^{2-}$、Fe^{3+}的质量分数，确定配离子的组成。

另一份样品重复上述测定。根据滴定数据，确定配离子的组成。

五、思考题

1. 根据三草酸根合铁（III）酸钾的性质，应如何保存该化合物？
2. 为什么要在水浴 40℃下缓慢滴加 H_2O_2 溶液？
3. 在制备的最后一步，加入 95% 乙醇的作用是什么？能否用蒸干溶液的办法来提高产量？为什么？

5.14　五水硫酸铜的制备

一、实验目的

1. 了解由不活泼金属与酸作用制备盐的方法。

2. 学习重结晶法提纯物质的原理与方法。

3. 掌握溶液的蒸发、常压过滤、减压过滤、结晶等基本操作。

二、实验原理

$CuSO_4·5H_2O$ 俗称蓝矾或胆矾，是蓝色透明三斜晶体。易溶于水，难溶于无水乙醇。加热时失去结晶水，当加热至258℃时失去全部结晶水变成白色无水 $CuSO_4$。$CuSO_4·5H_2O$ 主要用作纺织品印染的媒染剂、水的杀菌剂、农业杀虫剂、防腐剂，也用于鞣革、铜的电镀、选矿等。

$CuSO_4·5H_2O$ 的制备方法很多，如废铜法、电解液法、氧化铜法等。工业上常用电解液法。本实验采用废铜法。铜是不活泼金属，不能直接和稀硫酸发生反应制备硫酸铜，必须加入氧化剂。在浓硝酸和稀硫酸的混合液中，浓硝酸将铜氧化成 Cu^{2+}，Cu^{2+}与 SO_4^{2-}结合得到 $CuSO_4$：

$$Cu + 2HNO_3 + H_2SO_4 = CuSO_4 + 2NO_2\uparrow + 2H_2O$$

反应中除生成 $CuSO_4$ 外，还有一定量的 $Cu(NO_3)_2$ 和未反应的铜屑等杂质。不溶性杂质铜屑可过滤除去。对于硝酸铜，由溶解度数据可知，在0～100℃范围内硝酸铜的溶解度比硫酸铜大得多。当热溶液冷却到一定温度时，硫酸铜首先达到过饱和而析出，温度继续下降，硫酸铜不断析出，而大部分硝酸铜仍留在溶液中，只有少量随硫酸铜析出，这少量的硝酸铜和其他一些可溶性杂质可用重结晶法除去，最后得到纯的硫酸铜。

三、实验用品

1. 仪器

台秤、蒸发皿、布氏漏斗、吸滤瓶、真空泵、表面皿、 酒精灯、水浴锅、漏斗、量筒（10 mL、100 mL)、烧杯（250 mL)。

2. 药品

1 $mol·L^{-1}$ HNO_3、浓硝酸（AR)、3 $mol·L^{-1}$ H_2SO_4、铜片。

四、实验步骤

1. 铜片的净化

称取3 g剪碎的铜片置于干燥的蒸发皿中，加入7 mL 1 $mol·L^{-1}$ HNO_3，小火加热。倾注法过滤除去酸液，用水洗净铜片。

2. $CuSO_4·5H_2O$ 的制备

将洗净的铜片放入蒸发皿中，加入12 mL 3 $mol·L^{-1}$ H_2SO_4，水浴加热，温热后，分批缓慢加入5mL浓硝酸（通风橱中进行）。待反应平稳后，盖上表面皿，继续加热至铜片几乎完全溶解（加热过程中应补加6 mL 3$mol·L^{-1}$ H_2SO_4 和1.5 mL浓硝酸）。趁热倾注法过滤于另一洁净的蒸发皿中，并用少量蒸馏水洗涤滤纸两次。水浴加热，蒸发浓缩至结晶膜出现。取下蒸发皿，冷却、结晶，减压抽滤得到 $CuSO_4·5H_2O$ 粗产品。

3. 重结晶法提纯 $CuSO_4·5H_2O$

称取1 g粗产品，以 $CuSO_4·5H_2O:H_2O=1:2$（质量比）加热溶于水，趁热过滤，滤液冷却、析出晶体、抽滤、晾干，得到纯净的硫酸铜晶体。称重，计算产率。

五、思考题

1. 浓硝酸的作用是什么？它在混酸中发生什么反应？
2. 重结晶法提纯物质的原理是什么？如何除去杂质？
3. 水浴加热时为什么要盖上表面皿？
4. 为什么在通风橱内加浓硝酸，为什么要缓慢、分批，尽量少加浓硝酸？

第 6 章　物质的化学性质

6.1　吸附与胶体

一、实验目的

1. 了解溶胶的制备、保护和聚沉的方法，以及胶体的性质。
2. 加深理解固体在溶液中的吸附作用。

二、实验原理

胶体溶液（溶胶）是一种高度分散的多项体系，要制备比较稳定的胶体溶液，原则上有两种方法：一种是凝聚法，即将真溶液通过化学反应或改换介质等方法来制备；另一种是分散法，即将大颗粒在一定条件下分散为胶粒形成溶胶。

溶胶具有三大特性：丁达尔效应、布朗运动和电泳，其中常用丁达尔效应来区别溶胶与真溶液，用电泳来验证胶粒所带的电性。

胶团的扩散双电层结构及溶剂化膜是溶胶暂时稳定的原因。若溶胶中加入电解质、加热或加入带异电荷的溶胶，都会破坏胶团的双电层结构及溶剂化膜，导致溶胶的聚沉，电解质使溶胶聚沉的能力主要决定于与胶粒所带电荷相反的离子电荷数，电荷数越大，聚沉能力就越强。

液体中固体小颗粒具有比较大的表面能，易吸引液体中的分子或离子以降低自己的表面能。此过程为吸附。

三、实验用品

1. 仪器

丁达尔效应观察装置、试管、普通过滤装置、烧杯（100 mL）、量筒（10mL）、酒精灯、玻璃棒、漏斗、三角架、石棉网。

2. 药品

0.01 $mol\cdot L^{-1}$ $K_3[Fe(CN)_6]$、0.01 $mol\cdot L^{-1}$ Na_2SO_4、2 $mol\cdot L^{-1}$ NaCl、6 $mol\cdot L^{-1}$ HAc、6 $mol\cdot L^{-1}$ NaOH、0.5 $mol\cdot L^{-1}$ $(NH_4)_2C_2O_4$、2% $FeCl_3$、1 $mol\cdot L^{-1}$ NH_4Ac、品红、硫、95%乙醇、0.5% 明胶、镁试剂。

3. 其他

土样、滤纸、活性炭。

四、实验步骤

1. 用凝聚法制备溶胶（保留本实验所得的各种溶胶供下面实验使用）

（1）改变溶剂法制备硫溶胶　在盛有 10 mL 蒸馏水的试管中，滴加 10～15 滴饱和硫的乙醇溶液，边加边振荡试管，即得乳白色的硫溶胶。

（2）水解法制备 $Fe(OH)_3$ 溶胶　取 40 mL 蒸馏水于 100 mL 烧杯中，加热煮沸，逐滴加入 6 mL 2% $FeCl_3$ 溶液并不断搅拌，继续煮沸 1～2 min，即得深红色的 $Fe(OH)_3$ 溶胶。

2. 溶胶的性质

溶胶的光学性质——丁达尔效应：取前面制得的溶胶，分别装入试管中，放在丁达尔效应观察装置前，观察丁达尔效应。解释观察到的现象。

3. 溶胶的聚沉及其保护

（1）电解质对溶胶的聚沉作用：取三支试管，各加入 2 mL $Fe(OH)_3$ 溶胶，分别滴加 0.01 $mol{\cdot}L^{-1}$ $K_3[Fe(CN)_6]$，0.01 $mol{\cdot}L^{-1}$ Na_2SO_4 和 2 $mol{\cdot}L^{-1}$ NaCl 溶液。边加边振荡，直至出现聚沉现象为止，记下溶胶出现聚沉时所需的各种电解质溶液的滴数，比较三种电解质的聚沉能力，并解释之。

（2）加热使溶胶聚沉：取 2 mL 硫溶胶于试管中，加热至沸，观察颜色有何变化，静置冷却，观察有何现象，并加以解释。

（3）高分子溶液对溶胶的保护作用：取两支试管，各加入 2 mL $Fe(OH)_3$ 溶胶及 3 滴 0.5 % 明胶，振荡试管，然后分别滴加 0.01 $mol{\cdot}L^{-1}$ $K_3[Fe(CN)_6]$和 0.01 $mol{\cdot}L^{-1}$ Na_2SO_4 溶液，观察聚沉时所需电解质的量，与前面（1）的现象进行比较，并加以解释。

4. 固体在溶液中的吸附与交换作用

（1）分子的吸附作用：取一支试管，加入 5 mL 0.01 %品红溶液，此时溶液呈红色，加入少许活性炭（黄豆粒大），振荡 2 min 后，过滤，观察溶液是否还有颜色。

（2）离子交换作用：在两支试管中取等量的土样，一支试管中加入 10 mL 1 $mol{\cdot}L^{-1}$ NH_4Ac 溶液；另一支试管中加入 10 mL 蒸馏水。用玻璃棒搅拌，使土和溶液充分混合，便于进行交换作用。静置片刻，用倾注法过滤于另一试管中，滤液做以下检验：

①Ca^{2+}的检验：各取 5～6 滴上述滤液于两支试管中，加入 2 滴 6 $mol{\cdot}L^{-1}$ HAc 酸化，微热，然后加入 2～4 滴 0.5 $mol{\cdot}L^{-1}$ $(NH_4)_2C_2O_4$ 溶液，若有白色沉淀产生，表示土壤中 Ca^{2+}被交换出来。

②Mg^{2+}的检验：各取 5～6 滴上述滤液于两支试管中，加入 2 滴 6 $mol{\cdot}L^{-1}$ NaOH，若有沉淀生成，观察沉淀颜色，再加入 1～2 滴镁试剂，若沉淀变成天蓝色，表示 Mg^{2+}被交换出来。

比较实验①②两个实验现象，并解释之。

五、思考题

1. 溶胶稳定存在的原因是什么？

2. 溶胶产生光学、电学性质的原因是什么？

6.2 氧化还原反应

一、实验目的

1. 了解氧化还原反应与电极电位的关系。
2. 了解影响氧化还原反应的因素。
3. 掌握一些常用氧化剂、还原剂及中间价态化合物的氧化、还原性质。

二、实验原理

1. 氧化还原反应进行的方向

根据热力学原理 $\Delta_r G_m<0$ 反应自发进行，对于氧化还原反应

$$\Delta_r G_m = -nFE = -nF(\varphi_+ - \varphi_-)$$

可见，若

$\varphi_+ > \varphi_-$，反应正向进行；

$\varphi_+ = \varphi_-$，反应处于平衡状态；

$\varphi_+ < \varphi_-$，反应逆向进行。

在通常情况下可直接用标准电极电位 φ^θ 来对反应方向进行判断，即 $\varphi_+^\theta > \varphi_-^\theta$，反应自发正向进行。标准电极电势数值越高，其电对中氧化态物质的氧化性越强，标准电极电势数值越低，其电对中还原态物质的还原性越强。如果两电对的标准电极电位相差不大，则应考虑浓度对电极电位的影响。

氧化态物质或还原态物质与其他的试剂发生化学反应，生成沉淀或形成络合物，从而大大改变了氧化态物质或还原态物质的浓度，此时，电对的电极电势有较大的变化，应通过奈斯特方程式计算或查表确定其电极电势，再判定氧化还原的反应进行的方向。

2. 介质对氧化还原反应及其产物的影响

对于有 H^+ 或 OH^- 参加电极反应的电对，介质的 pH 值将对反应有显著的影响。如 $KMnO_4$ 与 Na_2SO_3 反应在不同介质条件下有明显不同：

酸性介质中：$MnO_4^- + 8H^+ + 5e^- = Mn^{2+}$（浅肉色）$+ 4H_2O$ $\qquad \varphi^\theta=1.507\ V$

中性溶液中：$MnO_4^- + 2H_2O + 3e^- = MnO_2\downarrow$（棕色）$+ 4OH^-$ $\qquad \varphi^\theta=0.595\ V$

强碱性溶液中：$MnO_4^- + e^- = MnO_4^{2-}$（深绿色） $\qquad \varphi^\theta=0.558\ V$

3. 中间态化合物的氧化还原性

这类化合物一般既可作氧化剂又可作还原剂。例如，H_2O_2 常用作氧化剂被还原成 H_2O 或 OH^-：

$$H_2O_2 + 2H^+ + 2e^- = 2H_2O \qquad \varphi^\theta=1.776V$$

$$H_2O_2 + 2e^- = 2OH^- \qquad \varphi^\theta=0.88V$$

但是遇到强氧化剂时，如 $KMnO_4$（在酸性介质中），它就会作为还原剂被氧化，放出氧气：

$$H_2O_2 - 2e^- = 2H^+ + O_2\uparrow \qquad \varphi^\theta=0.682V$$

4. 沉淀对电极电势的影响

在氧化还原平衡中，若同时存在沉淀平衡，将影响氧化还原电对的电极电位，可能引起氧化还原反应方向的改变。如 $\varphi^\theta(Cu^{2+}/Cu^+) = 0.16V$，$\varphi^\theta(I_2/I^-) = 0.54\ V$，根据电极电势，$Cu^{2+}$ 氧化 I^- 是无法进行的，但是 Cu^+ 可与 I^- 形成 CuI 沉淀：

$$Cu^+ + I^- = CuI\downarrow$$

CuI 沉淀的生成，降低了还原态物质 Cu^+ 的浓度，使 Cu^{2+}/Cu^+ 的条件电极电势升高，$\varphi(Cu^{2+}/Cu^+) = \varphi^\theta(Cu^{2+}/CuI) = 0.86V > \varphi^\theta(I_2/I^-)$，因此反应

$$2Cu^{2+} + 4I^- = 2CuI\downarrow + I_2$$

可自发进行。

三、实验用品

1. 仪器

试管、量筒（10mL）、滴管。

2. 药品

0.1 $mol\cdot L^{-1}$ KI、0.1 $mol\cdot L^{-1}$ KBr、0.1 $mol\cdot L^{-1}$ $FeCl_3$、10% H_2O_2、0.1 $mol\cdot L^{-1}$ $KMnO_4$ 0.1 $mol\cdot L^{-1}$ $FeSO_4$、0.1 $mol\cdot L^{-1}$ $K_2Cr_2O_7$、1 $mol\cdot L^{-1}$ NaOH、6 $mol\cdot L^{-1}$ NaOH、0.2 $mol\cdot L^{-1}$ $SnCl_2$、3 $mol\cdot L^{-1}$ H_2SO_4、0.1 $mol\cdot L^{-1}$ $CuSO_4$、0.1 $mol\cdot L^{-1}$ $Na_2S_2O_3$、Na_2SO_3 粉末、溴水、碘水、CCl_4。

四、实验步骤

1. 几种常见的氧化还原反应

（1）$FeCl_3$ 和 $SnCl_2$ 的反应

在试管中加入 5 滴 0.1 $mol\cdot L^{-1}$ 的 $FeCl_3$ 溶液，然后逐滴加入 0.2 $mol\cdot L^{-1}$ 的 $SnCl_2$ 溶液，边加边摇直至黄色褪去，随后滴加 4～5 滴 10% H_2O_2，观察溶液颜色变化，写出离子方程式。

（2）I^- 的还原性与 I_2 的氧化性

在试管中加入 2 滴 0.1 $mol\cdot L^{-1}$KI，再加入 2 滴 3 $mol\cdot L^{-1}$ 的 H_2SO_4 及 1 mL 蒸馏水，摇匀，然后逐滴加入 0.1 $mol\cdot L^{-1}$ 的 $KMnO_4$ 至溶液变成淡黄色。写出离子方程式。

在上面溶液中滴加 0.1 $mol\cdot L^{-1}$ $Na_2S_2O_3$ 至黄色褪去。写出离子方程式。

（3）H_2O_2 的氧化性和还原性

在试管中滴入 2 滴 0.1 $mol\cdot L^{-1}$KI 溶液和 2 滴 3 $mol\cdot L^{-1}$$H_2SO_4$ 溶液，然后滴入 2～3 滴 10% H_2O_2 溶液，观察颜色变化。再加入 15 滴 CCl_4，振荡，观察 CCl_4 层的颜色，解释之。

在试管中加入 5 滴 0.1 $mol\cdot L^{-1}$ 的 $KMnO_4$ 溶液，5 滴 3 $mol\cdot L^{-1}$ 的 H_2SO_4，然后逐滴加入 10 % H_2O_2，直至紫色褪去，观察现象并说明原因，写出离子方程式。

（4）$K_2Cr_2O_7$ 的氧化性

在试管中加入 2 滴 0.1 $mol\cdot L^{-1}$ $K_2Cr_2O_7$，再加入 2 滴 3 $mol\cdot L^{-1}$$H_2SO_4$，然后加入少许 Na_2SO_3 粉末，观察现象并写出离子方程式。

2. 电极电势与氧化还原反应的关系

（1）将 10 滴 0.1 $mol\cdot L^{-1}$KI 溶液和 5 滴 0.1 $mol\cdot L^{-1}$$FeCl_3$ 溶液在试管中混匀后，加入 20

滴 CCl_4，充分振荡，观察 CCl_4 层的颜色有何变化。

用 0.1 mol·L^{-1}KBr 代替 0.1 mol·L^{-1}KI 进行同样的实验，观察现象。

（2）向试管中加入 1 滴溴水及 5 滴 0.1 mol·L^{-1}$FeSO_4$，混匀后加入 1 mL CCl_4，振荡后观察 CCl_4 层的颜色。

以碘水代替溴水进行同样实验，观察现象。

根据以上 4 个实验的结果，比较 Br_2/Br^-、I_2/I^-、Fe^{3+}/Fe^{2+}三电对标准电极电势的高低，说明电极电势与氧化还原反应方向的关系。

3. 介质的酸度对氧化还原反应及其产物的影响

（1）取三支试管，各加入 1 滴 0.1 mol·L^{-1}$KMnO_4$。在第一支试管中加入 4 滴 3 mol·L^{-1} H_2SO_4，第二支试管中加入 4 滴 6 mol·L^{-1} NaOH，第三支试管中加入 4 滴蒸馏水，然后在三支试管中各加入少许 Na_2SO_3，摇匀后观察各试管溶液的颜色变化并写出有关离子方程式。

（2）在试管中加入 4 滴 0.1 mol·L^{-1} $K_2Cr_2O_7$，再加入 2 滴 6 mol·L^{-1} NaOH 和少许 Na_2SO_3 粉末，观察溶液颜色变化（为什么？），再继续加入数滴 3 mol·L^{-1}H_2SO_4，观察溶液颜色变化，写出离子方程式。

4. 沉淀对氧化还原反应的影响

在试管中加入 10 滴 0.1 mol·L^{-1}$CuSO_4$，再加入 10 滴 0.1 mol·L^{-1}KI，观察沉淀的生成。再加入 15 滴 CCl_4 溶液，充分振荡，观察 CCl_4 层的颜色有何变化。写出离子方程式。

五、思考题

1. 氧化还原反应进行的方向由什么判断，其影响因素有哪些？

2. 从 $KMnO_4$、$K_2Cr_2O_7$、HNO_3（浓）、H_2O_2、氯水中选一个最佳试剂，实现 $PbS \rightarrow PbSO_4$ 转化，并说明理由。

3. 说明 $K_2Cr_2O_7$ 和 K_2CrO_4 在溶液中的相互转化，结合实验比较它们的氧化能力。

6.3 中和热的测定

一、实验目的

学习利用热量计测定中和热的原理和方法。

二、实验原理

强酸和强碱中和反应的实质是 $H^+ + OH^- = H_2O$。在一定的温度和压力下，1 mol H^+ 和 1 mol OH^-完全中和时放出的热量称为中和热，以 $\Delta_r H_m^\theta$表示。各种强酸和强碱的中和热是相同的。而弱酸、弱碱在发生中和反应时还发生了弱酸或弱碱的电离，电离要吸收能量。因此，弱酸、弱碱的中和热小于强酸、强碱的中和热。

本实验用简易热量计测定 HCl 和 NaOH 反应的中和热。

在热量计中进行的放热反应，所放出的热量除了使溶液的温度升高以外，同时也使热量计的温度升高，因此，反应产生的总热量可表示为：

$$Q=(C_p+C_p')\Delta T。$$

式中，C_p—热量计的定压热容（$J\cdot K^{-1}$）；

C_p'—溶液的定压热容（$J\cdot K^{-1}$）；

ΔT—由反应热效应引起的体系温度变化（K）。

如果反应中生成 n mol 的水（生成水的物质的量应按浓度较小的酸液或碱液来计算），则中和热可表示为：

$$\Delta_r H_m^{\theta}=-\frac{Q}{n}=-\frac{(C_p+C_p')\Delta T}{n}$$

那么，首先需要测定热量计的热容（即热量计温度每升高 1K 所需要的热量）。

在热量计中加入一定量的冷水，测得温度为 T_1，再加入相同量的热水，温度为 T_2，混合后水温为 T_3，已知水的比热容为 c，冷热水质量均为 m，则：

$$热水失热= mc(T_2-T_3)$$

$$冷水得热= mc(T_3-T_1)$$

$$热量计得热=热水失热-冷水得热=mc(T_1+T_2-2T_3)$$

所以，

$$热量计定压热容\ C_p=\frac{mc(T_1+T_2-2T_3)}{T_3-T_1},$$

$$溶液定压热容\ C_p'=Vdc$$

式中：V—溶液体积（mL）；

d—溶液密度（$g\cdot mL^{-1}$）；

c—溶液的比热容（$J\cdot K^{-1}\cdot g^{-1}$）。

说明：溶液的密度和比热容近似地取水的密度和比热容。

三、实验用品

1. 仪器

简易热量计、小烧杯（100 mL）、酒精灯、铁三角架、温度计（1/10℃一支，酒精温度计一支）、量筒（50 mL）、石棉网。

2. 药品

NaOH（约 1 $mol\cdot L^{-1}$，浓度精确到小数点后第二位）、HCl（约 1 $mol\cdot L^{-1}$，浓度精确到小数点后第二位）。

四、实验步骤

1. 测定热量计的热容

用量筒量取 50 mL H_2O，倒入热量计中，盖好盖子，搅拌，直至体系内部达到热平衡（即温度不再变化），记下温度 T_1。

另在 100 mL 烧杯中加入 50mL H_2O，用酒精灯加热，当水温高于 T_1 约 20℃时，停止加热，取下烧杯，转动摇匀，用另一支温度计迅速测量热水温度 T_2，并尽快将此热水全部倒入热量计中，盖好盖子，搅拌。密切注意温度变化，准确记录下最高温度值 T_3。

2. 测定 HCl 和 NaOH 反应的中和热

将热量计中的 H_2O 倒尽，量取 50 mL 1 $mol \cdot L^{-1}$ HCl 溶液倒入热量计中，加盖、搅拌，直到体系达到热平衡，记录酸液温度 T_4。

用量筒量取 50 mL 1 $mol \cdot L^{-1}$ NaOH 溶液，用温度计测量 NaOH 溶液的温度。此时，要求酸液和碱液的温度相等，若温度不等，则用手心捂热盛碱液的量筒，使碱液和酸液的温度一致。然后迅速地把碱液倒入热量计中，加盖搅拌，密切注意温度变化，准确记录下最高温度值 T_5。

五、思考题

1. 1 mol HCl 和 1 mol HAc 被强碱完全中和时放出的热量是否相同，为什么？
2. 实验中主要的误差来源可能有哪些？

6.4　糖类化合物的性质

一、实验目的

1. 熟悉糖类的化学性质。
2. 掌握糖类的化学鉴别方法。

二、实验原理

糖类化合物是一类多羟基的内半缩醛、酮及其聚合物。按其水解情况的不同，糖类化合物可分为单糖、低聚糖和多糖三类。

1. 单糖的性质

单糖的性质包括一般性质和特殊性质。一般性质主要表现为羰基的典型反应及羟基的典型反应。特殊性质有水溶液中的变旋现象；与苯肼成脎；稀碱介质中的差向异构化；半缩醛、酮羟基与含羟基的化合物成苷；氧化反应（醛糖能被溴水温和氧化成糖酸；醛、酮都能被吐伦试剂、斐林试剂氧化；被稀硝酸氧化为糖二酸；被高碘酸氧化断裂成甲醛或甲酸）；强酸介质中与酚类化合物缩合而呈现颜色反应（如 Molisch 反应、Seliwanoff 反应）等。

2. 双糖的性质

双糖根据分子中是否还保留有原来一个单糖分子的半缩醛羟基而分成还原性双糖（如麦芽糖、乳糖、纤维二糖）与非还原性双糖（如蔗糖）。还原性双糖由于分子中还保留有原来单糖分子中的一个半缩醛羟基，水溶液中能开环成开链的醛式而表现出还原性（能被吐伦试剂或斐林试剂氧化）、变旋现象及成脎反应。非还原性糖由于分子中没有半缩醛羟基而没有上述性质。双糖分子可在酸或酶催化下水解成单糖而表现出单糖的还原性。

3. 多糖的性质

多糖由成千上万个单糖单位缩合而成，难溶于水，无甜味，无还原性，能被酸或碱催化而逐步水解成单糖。

淀粉是一种常见的多糖，在酸或酶催化下水解，可逐步生成分子较小的多糖，最后水解成葡萄糖：淀粉－各种糊精－麦芽糖－葡萄糖。碘与淀粉显蓝紫色，与不同分子量的糊精显红色或黄色，糖分子量太小时，与碘不显色。常用碘实验对淀粉进行定性分析及检验淀粉的水解程度。

三、实验用品

1. 仪器

恒温水浴锅。

2. 药品

10% α-萘酚、95%乙醇、5%葡萄糖、果糖、麦芽糖、蔗糖、淀粉液、滤纸浆、间苯二酚、Benedict 试剂、Tollen 试剂、苯肼试剂、浓 HCl、10% NaOH、I_2-KI、酒精、乙醚（1:3）、浓 H_2SO_4。

四、实验步骤

1. Molisch 试验——α-萘酚试验出糖

在试管中加入 1 mL 5%葡萄糖，滴入 2 滴 10% α-萘酚溶液和 95%乙醇溶液，将试管倾斜 45°，沿管壁慢慢加入 1 mL 浓 H_2SO_4，观察现象。若无颜色，可在水浴中加热，再观察结果。

试样：5%葡萄糖、果糖、麦芽糖、蔗糖、淀粉液、滤纸浆。

2. 间苯二酚试验

在试管中加入间苯二酚 2 mL，加入 5%葡萄糖溶液 1 mL，混匀，沸水浴中加热 1～2 min，观察颜色有何变化。加热 20 min 后，再观察，并解释。

试样：5%葡萄糖、果糖、麦芽糖、蔗糖。

3. Benedict 试剂、Tollen 试剂检出还原糖

（1）与 Benedict 试剂反应：取 6 支试管分别加入 1 mL Benedict 试剂，微热至沸，分别加入 5%葡萄糖溶液，在沸水中加热 2～3 min，放冷观察现象。

试样：5%葡萄糖、果糖、麦芽糖、蔗糖、乳糖、淀粉。

（2）与 Tollen 试剂反应：取 6 支洁净的试管分别加入 1.5 mL Tollen 试剂，分别加入 0.5 mL 5%葡萄糖溶液，在 60～80℃热水浴中加热，观察并比较结果，解释为什么？

试样：5%葡萄糖、果糖、麦芽糖、蔗糖、淀粉液、滤纸浆。

4. 糖脎的生成

取 5 支试管分别加入 2 mL 苯肼试剂，分别加入 5%葡萄糖、果糖、乳糖、麦芽糖、蔗糖液，沸水浴中加热，挂查晶体形成及所需时间。

5. 糖类物质的水解

（1）蔗糖的水解：取 1 支试管加入 8 mL 5%蔗糖并滴加 2 滴浓 HCl，煮沸 3～5 min，冷却后，用 10%NaOH 中和，用此水解液作 Benedict 试验。

（2）淀粉水解和碘试验

胶淀粉溶液的配制。

碘试验：向 1 mL 胶淀粉中加入 9 mL 水，充分混和，向此稀溶液中加入 2 滴碘—碘化钾溶液，将其溶液稀释，至蓝色液很浅，加热，结果如何？放冷后，蓝色是否再现，试解释之。

淀粉用酸水解：在 100 mL 小烧杯中，加 30 mL 胶淀粉液，加入 4～5 滴浓 HCl，水浴加热，每隔 5 min 从小烧杯中取少量液体做碘试验，直至不发生碘反应为止，先用 10% NaOH 中和，再用 Tollen 试剂试验，观察，并解释之。

淀粉用酶水解：在一洁净的 100 mL 三角烧瓶中，加入 30 mL 胶淀粉，加入 1～2 mL 唾液充分混合，在 38～40℃水浴加热 10 min，将其水溶液用 Benedict 试剂检验，有何现象？并解释。

6. 纤维素的性质试验

取一支大试管，加入 4 mL HNO_3，在振荡下小心加入 8 mL 浓 H_2SO_4 ，冷却，把一小团棉花用玻璃棒浸入混酸中，浸在 60～70℃热水浴中加热，充分硝化，5 min 后，挑出棉花，放在烧杯中充分洗涤数次，用水浴干燥，即得火药棉。

用坩埚坩夹取一块放在火焰上，是否立刻燃烧，另用一小块棉花点燃之，比较燃烧有何不同？

把另一块火药棉放在干燥表面皿上，加 1～2 mL 酒精—乙醚液（1:3）制成火胶棉，放到火焰上燃烧，比较燃烧速度。

五、思考题

1. 蔗糖水解得到葡萄糖和果糖。如果用此水解溶液来制取糖脎，两种单糖的糖脎是否一样？为什么？

2. 为什么说蔗糖是葡萄糖苷，同时也是果糖苷？在化学性质上与麦芽糖有何区别？

第 7 章　物理化学实验

7.1　电导的测定及其应用

一、实验目的

1. 了解溶液的电导、电导率和摩尔电导率的概念。
2. 掌握电导法测定电解质溶液的摩尔电导率。
3. 学会电导法测定难溶盐溶解度的原理和方法。

二、实验原理

1. 电解质溶液的电导、电导率、摩尔电导率

（1）电导

对于电解质溶液，常用电导（G）表示其导电能力的大小。电导 G 是电阻 R 的倒数，即：

$$G=1/R$$

单位是西门子，常用 S 表示，$1S=1\Omega^{-1}$。

（2）电导率或比电导

定义式为：

$$\kappa=G\,L/A$$

其意义是电极面积为 1 m^2、电极间距为 1 m 的立方体导体的电导，单位为 $S\cdot m^{-1}$。对电解质溶液而言，令 $L/A = K_{cell}$，称为电导池常数。

所以，

$$\kappa=G\,L/A=G\,K_{cell}$$

K_{cell} 可通过测定已知电导率的电解质溶液的电导而求得。

（3）摩尔电导率 Λ_m

定义式为：

$$\Lambda_m=\kappa/c$$

当溶液的浓度逐渐降低时，由于溶液中离子间的相互作用力减弱，所以摩尔电导率逐渐增大。柯尔劳施根据实验得出强电解质稀溶液的摩尔电导率 Λ_m 与浓度有如下关系：

$$\Lambda_m = \Lambda_m^{\infty} - A\sqrt{c}$$

Λ_m^∞ 为无限稀释摩尔电导率。可见，以 Λ_m 对 $\sqrt{c}$ 作图得一直线，其截距即为 Λ_m^∞。弱电解质溶液中，只有已电离部分才能承担传递电量的任务。在无限稀释的溶液中可认为弱电解质已全部电离。此时溶液的摩尔电导率为 Λ_m^∞，可用离子极限摩尔电导率相加得到。

$$\Lambda_m^\infty = \nu_+ \Lambda_{m,+}^\infty + \nu_- \Lambda_{m,-}^\infty$$

2. $PbSO_4$ 溶解度的测定

先测定 $PbSO_4$ 饱和溶液的电导率 $\kappa_{溶液}$，因溶液极稀，必须从 $\kappa_{溶液}$ 中减去水的电导率 $\kappa_{水}$，即 $\kappa_{PbSO4} = \kappa_{溶液} - \kappa_{水}$，则 $c = \dfrac{\kappa_{PbSO_4}}{\Lambda_{m,PbSO_4}^\infty}$。

三、实验用品

1. 仪器

DDS-307 型电导率仪、锥形瓶（250 mL）、铂电极、恒温水浴箱、容量瓶（250 mL）、滴定管（50 mL）、容量瓶（50 mL）、烧杯（150 mL、100 mL、400 mL）、玻璃棒、药勺、吸耳球、滴管、移液管架、铁架台、移液管（10 mL、15 mL）。

2. 药品

KCl（分析纯）、$PbSO_4$（分析纯）、HAc（0.020 0 $mol \cdot L^{-1}$）。

四、实验步骤

1. 调节恒温槽温度至（25.0±0.1）℃。

2. 准确配制 0.020 0 $mol \cdot L^{-1}$ KCl 溶液 250 mL。

3. 洗净 6 个 50 mL 容量瓶，用 50 mL 滴定管中分别取 0.020 0 $mol \cdot L^{-1}$ KCl 溶液 40 mL、25 mL、20 mL、15 mL、10 mL、5mL 于 6 个 50 mL 容量瓶中，稀释至刻度。

4. 将上述溶液分别倒入 6 个干燥的 100 mL 烧杯中，恒温 10 min，测定电导率。

5. 用 15 mL 移液管准确移取 0.020 0 $mol \cdot L^{-1}$HAc 溶液于干燥的 100 mL 烧杯中，恒温 10 min，测定其电导率。然后用 10 mL 移液管准确移取 10 mL 去离子水，注入 HAc 溶液中，混合均匀，恒温 10 min 后，测定其电导率。如此操作，再稀释 3 次，测定不同浓度的 HAc 溶液的电导率.

6. 测定 $PbSO_4$ 溶液的电导率：将约 1 g 固体 $PbSO_4$ 放入 250 mL 锥形瓶中，加入约 100 mL 去离子水，摇动并加热至沸腾。倒掉清液，以除去可溶性杂质。按同法重复两次。再加入约 100 mL 去离子水，加热至沸腾，使之充分溶解。然后放在恒温槽中，恒温 10 min 使固体沉淀。将上层溶液倒入一干燥的 100 mL 烧杯中，恒温后测其电导率，然后换溶液再测两次，求平均值。

7. 测定去离子水的电导率：取约 50 mL 去离子水放入一干燥的 100 mL 烧杯中，待恒温后，测电导率三次，求平均值。

五、思考题

1. 为什么要测电导池常数？如何得到该常数？

2. 测电导时为什么要恒温？ 实验中测电导池常数和溶液电导，温度是否要一致？

7.2　电动势法测定化学反应的热力学函数

一、实验目的

1. 掌握对消法测定原电池电动势的原理和方法。
2. 掌握 UJ-25 型电位差计的使用方法。
3. 掌握电动势法测定化学反应热力学函数变化值的有关原理和方法。

二、实验原理

可逆化学反应：

$$Ag(s)+\frac{1}{2}Hg_2Cl(s)=AgCl(s)+Hg(l)$$

热力学函数的改变量 ΔG、ΔH、ΔS 等可以通过测定可逆电池的电动势方法求得。具体方法为：将上述化学反应设计成如下的可逆电池：

$$Ag(s)\mid AgCl(s)\mid \text{饱和 KCl 溶液}\Vert Hg_2Cl_2\mid Hg(l)$$

该电池在等温、等压、可逆的条件下工作时的电动势为 E。则

$$\Delta_r G_m=-nEF \tag{1}$$

$$\Delta S=-(\frac{\partial \Delta G}{\partial T})_P=nF(\frac{\partial E}{\partial T})_P \tag{2}$$

$$\Delta H=-nEF+TnF(\frac{\partial E}{\partial T})_P \tag{3}$$

式中，$(\frac{\partial E}{\partial T})_P$ 称为电池的温度系数。只要测出电池的电动势和温度系数，就可以计算热力学函数的改变量。

电池电动势的测定不能直接使用伏特计，因为伏特计测量的是端电压，而不是电动势，应采用对消法，要求回路中没有电流通过。

三、实验用品

1. 仪器

电位差计 1 台、直流检流计 1 台、精密稳压电源（或蓄电池）1 台、标准电池 1 只、银—氯化银电极 1 只、甘汞电极 1 只、烧杯 2 只、盐桥数只、恒温槽 1 套。

2. 药品

HCl（0.1000 $mol\cdot kg^{-1}$）、$AgNO_3$（0.100 0 $mol\cdot kg^{-1}$）、KNO_3 饱和溶液、KCl 饱和溶液、琼脂。

四、实验步骤

1. 盐桥制备（凝胶法）

称取琼脂 1 g 放入 50 mL 饱和 KNO_3 溶液中，浸泡片刻，再缓慢加热至沸腾，待琼脂全部溶解后稍冷，将洗净之盐桥管插入琼脂溶液中，从管的上口将溶液吸满（管中不能有气泡），保持此充满状态冷却到室温，即凝固成冻胶固定在管内。取出擦净备用。

2. 电动势的测定

（1）接好测量电路。

（2）测量电动势。测量时把装有电极的烧杯放入 25℃恒温水中。为了保证所测电池电动势的正确，必须严格遵守电位差计的正确使用方法。当数值稳定在 ± 0.1 mV 之内时即可认为电池已达到平衡。接着测定不同温度下的电动势，此时可调节恒温槽温度在 15～50℃之间，每隔 5～10℃测定一次电动势。方法同上，每改变一次温度，须待热平衡后才能测定。

五、思考题

1. 上述电池电动势与电池中 KCl 的浓度是否有关？为什么？

2. 通过测定电动势推算热力学函数，必须保证所测定的电动势为可逆电池的电动势，那么可逆电池应具备什么条件？

3. 原电池的含义是什么？请写出本实验原电池的电极反应，其正负极分别为什么电极？

7.3　最大气泡法测定溶液的表面张力

一、实验目的

1. 理解表面张力的性质、表面能的意义以及表面张力和吸附的关系。

2. 掌握最大气泡法测定溶液表面张力的原理和技术，并由表面张力的数据计算正丁醇分子的横截面积。

二、实验原理

1. 从热力学观点来看，液体表面缩小是一个自发过程，这是使体系总自由能减小的过程，欲使液体产生新的表面 ΔA，就需对其做功，其大小应与 ΔA 成正比：

$$-W = \sigma \cdot \Delta A \tag{1}$$

如果 ΔA 为 1 m^2，则 $-W'=\sigma$ 是在恒温恒压下形成 1 m^2 新表面所需的可逆功，所以 σ 称为比表面吉布斯自由能，其单位为 $J\cdot m^{-2}$。也可将 σ 看做作用在界面上每单位长度边缘上的力，称为表面张力，其单位是 $N\cdot m^{-1}$。在一定温度下纯液体的表面张力为定值，当加入溶质形成溶液时，表面张力发生变化，其变化的大小取决于溶质的性质和加入量。根据能量最低原理，溶质能降低溶剂的表面张力时，表面层中溶质的浓度比溶液内部大；反之，溶质使溶剂的表面张力升高时，它在表面层中的浓度比在内部的浓度低，这种表面浓度与内部浓度不同的现象叫做溶液的表面吸附。在指定的温度和压力下，溶质的吸附量与溶液的表面张力及溶液的浓度之间的关系遵守吉布斯（Gibbs）吸附方程：

$$\Gamma = -\frac{c}{RT}\left(\frac{\mathrm{d}\sigma}{\mathrm{d}c}\right)_T \tag{2}$$

式中，Γ 为溶质在表层的吸附量；σ 为表面张力；c 为吸附达到平衡时溶质在介质中的浓度。当 $\left(\frac{\mathrm{d}\sigma}{\mathrm{d}c}\right)_T<0$ 时，$\Gamma>0$，称为正吸附；当 $\left(\frac{\mathrm{d}\sigma}{\mathrm{d}c}\right)_T>0$ 时，$\Gamma<0$，称为负吸附。吉布斯吸附等温式（2）应用范围很广，但上述形式仅适用于稀溶液。

引起溶剂表面张力显著降低的物质叫表面活性物质，被吸附的表面活性物质分子在界面层中的排列，决定于它在液层中的浓度。当界面上被吸附分子的浓度增大时，它的排列方式在改变着。当浓度足够大时，被吸附分子盖住了所有界面的位置，形成饱和吸附层。这样的吸附层是单分子层的，随着表面活性物质的分子在界面上愈益紧密排列，则此界面的表面张力也就逐渐减小。若恒温下绘成曲线 $\sigma=f(c)$（表面张力等温线），当 c 增加时，σ 在开始时显著下降，而后下降逐渐缓慢下来，以至 σ 的变化很小，这时 σ 的数值恒定为某一常数。以不同的浓度对其相应的 Γ 作出的曲线，$\Gamma=f(c)$称为吸附等温线。

根据朗格谬尔（Langmuir）公式：

$$\Gamma = \Gamma_\infty \frac{\kappa c}{1+\kappa c} \tag{3}$$

Γ_∞ 为饱和吸附量，即表面被吸附物铺满一层分子时的 Γ，

$$\frac{c}{\Gamma} = \frac{\kappa c+1}{\kappa \Gamma_\infty} = \frac{c}{\Gamma_\infty} + \frac{1}{\kappa \Gamma_\infty} \tag{4}$$

以 c/Γ 对 c 作图，得一直线，该直线的斜率为 $1/\Gamma_\infty$。由所求得的 Γ_∞ 代入

$$A=1/\Gamma_\infty L \tag{5}$$

可求被吸附分子的截面积（L 为阿佛加得罗常数）。

2. 本实验采用单管式最大气泡法测液体的表面张力。其装置和原理如图 7-1 所示。

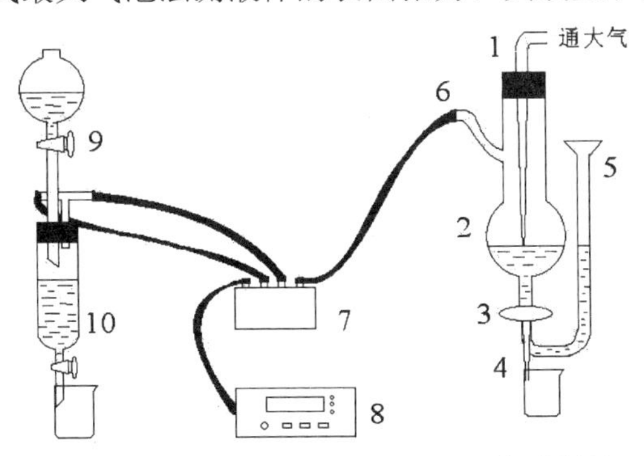

1—毛细管；2—样品管；3—三通旋塞；4—出液口；5—加液侧管；6—连接口；
7—系统连接装置；8—压力计；9—漏斗旋塞；10—滴液瓶

图 7-1　最大气泡法测定表面张力的仪器装置

将表面张力仪中毛细管端面与待测液体液面相切时，液体即沿毛细管上升，打开分液漏斗的旋塞，使水缓慢下滴而增加系统压力，这样毛细管内液面上受到一个比试管内液面上大

的压力，当此压力差在毛细管端面上产生的作用力稍大于毛细管口液体的表面张力时，气泡就从毛细管口逸出，这一最大压力差可由数显式压差测定仪上读出。其关系式为：

$$\Delta p_{\max}=p_{\text{大气}}-p_{\text{系统}} \tag{6}$$

如果毛细管半径为 r，气泡由毛细管逸出时受到向下的总作用力为 $\pi r^2\Delta p_{\max}$。

气泡在毛细管受到的表面张力引起的作用力为 $2\pi r\sigma$，当气泡的曲率半径最小时，上述两力相等，即 $\pi r^2\Delta p_{\max}=2\pi r\sigma$，所以

$$\sigma=\frac{r}{2}\Delta p_{\max} \tag{7}$$

若用同一根毛细管在同一温度下，对表面张力分别为 σ_1 和 σ_2 的液体进行测量，则有下列关系：

$$\sigma_1=\frac{r}{2}\Delta p_{\max 1}\ ,\quad \sigma_2=\frac{r}{2}\Delta p_{\max 2}$$

两式相比得：

$$\frac{\sigma_1}{\sigma_2}=\frac{\Delta p_{\max 1}}{\Delta p_{\max 2}}\ ,\quad \sigma_1=\sigma_2\frac{\Delta p_{\max 1}}{\Delta p_{\max 2}}=K\Delta p_{\max 1}\text{（式中 K 为仪器系数）} \tag{8}$$

因此，以已知表面张力的液体为标准，可利用（7）式计算其他液体的表面张力。

如果毛细管半径很小，则形成的气泡基本上是球形的。当气泡开始形成时，表面几乎是平的，这时曲率半径最大；随着气泡的形成，曲率半径逐渐变小，直到形成半球形，这时曲率半径 R 和毛细管半径 r 相等，曲率半径达最小值，这时附加压力达最大值。气泡进一步长大，R 变大，附加压力则变小，直到气泡逸出。如图 7-2 所示。

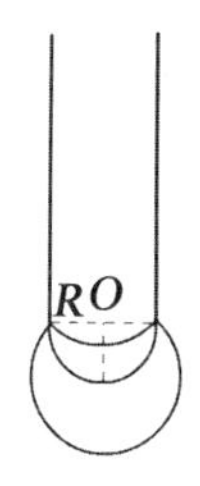

图 7-2　气泡形成过程其半径的变化示意

三、实验用品

1. 仪器

DP-AW 表面张力装置 1 套、超级恒温槽 1 套、铁架台 2 只、自由夹 3 只、洗耳球 1 个。

2. 药品

正丁醇（化学纯）、蒸馏水。

四、实验步骤

1. 仪器的清洗与组装

将表面张力测定仪先用洗液洗净，再顺次用自来水和蒸馏水冲洗，用丙酮清洗毛细管后用洗耳球吹干，将样品管固定在铁架台上，并将毛细管插入样品管中（注意使毛细管竖直），

如图 7-1 所示（连接口 6 处于断开状态）。

2. 测定仪器常数

旋转旋塞 3，连通加液侧管和样品管，从加液口 5 加入纯水，使毛细管管口刚好与液面相切，然后关闭旋塞 3。用自来水加满滴液瓶，然后将压力计读数采零（连接口 6 处于断开状态）。连通连接口 6，使样品管、滴液瓶和压力计构成一封闭体系。打开滴液瓶下面的旋塞，待压力计显示一定值后关闭旋塞，观察压力值有无变化，如保持定值，说明系统气密性良好；如不能保持则须重新连接管路系统。系统气密性确定后，即可打开滴水开关，调节滴水速度，尽可能地让气泡成单泡逸出，速度每分钟以 15 个气泡为宜。待稳定后，读取压力计上绝对值最大的数值，连续读取三次，取平均值。测完后，停止滴液，断开连接口 6，打开样品管的旋塞放出纯水。

3. 测定不同浓度的 n-C_4H_9OH 水溶液的表面张力

按上述步骤 2 中方法以浓度从小到大的次序分别测定溶液各自的最大压力差。每次测定前，毛细管要用丙酮洗净，再用洗耳球吹干。

4. 实验完毕，关掉电源，洗净玻璃仪器。

五、注意事项

1. 测定用的毛细管一定要洗干净，否则气泡可能不呈单泡逸出，而使压力读数不稳定，如发生此种现象，毛细管应重洗。

2. 毛细管一定要与液面保持垂直，管口刚好与液面相切。

3. 连接压力计与毛细管及滴液漏斗用的乳胶管中不应有水等阻塞物，否则压力无法传递至毛细管，将没有气泡自毛细管口逸出。

4. 温度应保持恒定，否则对 σ 的测定影响较大。

六、思考题

1. 用最大气泡法测定表面张力时为什么要读最大压力差？
2. 为何要控制气泡逸出速率？
3. 本实验需要在恒温下进行吗？为什么？
4. 毛细管尖端为何必须调节得恰与液面相切？否则对实验有何影响？
5. 哪些因素影响表面张力测定的结果？如何减小和消除这些因素对实验的影响？

7.4　丙酮碘化反应速率方程的确定

一、实验目的

1. 了解复杂反应的反应机理和特征，熟悉复杂反应反应级数和表观速率常数的计算方法。
2. 测定酸催化时丙酮碘化反应速率方程中各反应物的级数和总级数，测定速率常数。
3. 掌握 722N 型分光光度计的使用方法。

二、实验原理

不同的化学反应其反应机理是不同的。按反应机理的复杂程度不同可以将反应分为基元反应（简单反应）和复杂反应两种类型。基元反应是由反应物粒子经碰撞一步就直接生成产物的反应。复杂反应不是经过简单的一步就能完成的，而是要通过生成中间产物、由许多步来完成的，其中每一步都是基元反应。常见的复杂反应有对峙反应或称可逆反应（与热力学中的可逆过程的含义完全不同）、平行反应和连续反应等。

丙酮碘化反应是一个复杂反应，反应方程式为：

$$CH_3-\underset{\underset{O}{\|}}{C}-CH_3 + I_2 \xrightarrow{H^+} CH_3-\underset{\underset{O}{\|}}{C}-CH_2I + H^+ + I^-$$

H^+是催化剂，由于反应本身能生成 H^+，所以，这是一个自催化反应。一般认为该反应的反应机理包括下列两步：

$$\underset{A}{CH_3-\underset{\underset{O}{\|}}{C}-CH_3} \xrightarrow{H^+} \underset{B}{CH_3-\underset{\underset{OH}{|}}{C}=CH_2} \qquad (a)$$

$$CH_3-\underset{\underset{OH}{|}}{C}=CH_2 + I_2 \xrightarrow{H^+} \underset{D}{CH_3-\underset{\underset{O}{\|}}{C}-CH_2I} + H^+ + I^- \qquad (b)$$

这是一个连续反应。反应（a）是丙酮的烯醇化反应，它是一个进行得很慢的可逆反应。反应（b）是烯醇的碘化反应，它是一个快速且趋于进行到底的反应。由于反应（a）的反应速率很慢，而反应（b）的反应速率又很快，中间产物烯醇一旦生成就马上消耗掉了。根据连续反应的特点，该反应的总反应速率由丙酮的烯醇化反应的速率决定，丙酮的烯醇化反应的速率取决于丙酮及 H^+的浓度。实验中忽略反应过程中增加的 H^+对 H^+浓度的影响，认为反应过程中 H^+浓度为常数。如果以碘化丙酮浓度的增量与反应时间的比值来表示丙酮碘化反应的速率，则此反应的速率方程可表示为：

$$r = -\frac{\mathrm{d}c_A}{\mathrm{d}t} = \frac{\mathrm{d}c_D}{\mathrm{d}t} = kc_A^{\alpha}c_{H^+}^{\beta} \qquad (1)$$

式中：c_A 为丙酮的浓度；c_D 为产物碘化丙酮的浓度；c_{H^+} 为 H^+的初始浓度；α为丙酮的反应级数；β为 H^+的反应级数；k 为丙酮碘化反应的总的速率常数，又称表观速率常数。反应方程式中的反应物碘的浓度在速率方程中没有出现，表明碘不参与决速步骤的反应，这是复杂反应的典型特征。

如果在某一短时间 Δt 内保持 c_A、c_{H^+} 不变，测得产物 D 的增量 ΔD，则可以近似地用 $\frac{\Delta D}{\Delta t}$ 代替 $\frac{\mathrm{d}c_D}{\mathrm{d}t}$，得到该反应的反应速率 r_1。

在保持其他条件不变的情况下，分别改变 c_A 和 c_{H^+}（浓度减半），可测得不同的反应速率 r_2 和 r_3。依式（2）可以求出各反应物的级数α、β和总级数 n（即$\alpha+\beta$）。

$$M_{\mathrm{B}} = K_f \frac{m_2}{\Delta T_f m_1} \times 1\,000, \qquad \alpha = \frac{\ln \frac{r_1}{r_2}}{\ln \frac{c_{\mathrm{A}(1)}}{c_{\mathrm{A}(2)}}} \tag{2}$$

$$\frac{r_1}{r_3} = \left(\frac{c_{\mathrm{H}^+(1)}}{c_{\mathrm{H}^+(3)}} \right)^{\beta}, \qquad \beta = \frac{\ln \frac{r_1}{r_3}}{\ln \frac{c_{\mathrm{H}^+(1)}}{c_{\mathrm{H}^+(3)}}} \tag{3}$$

由反应(b)可知，$\frac{\mathrm{d}c_{\mathrm{D}}}{\mathrm{d}t} = -\frac{\mathrm{d}c_{\mathrm{I}_2}}{\mathrm{d}t}$，如果测得反应过程中各时刻碘的浓度，就可以求出$\frac{\mathrm{d}c_{\mathrm{D}}}{\mathrm{d}t}$。

由于碘在可见光区有一个比较宽的吸收带，所以本实验可采用分光光度法来测定不同时刻反应物碘的浓度，间接获得不同时刻产物 D 的浓度。若在反应过程中，丙酮的浓度为 0.1～0.6 mol·L^{-1}，酸的浓度为 0.05～0.5 mol·L^{-1}，碘的浓度为 0.001～0.005 mol·L^{-1}，此时丙酮的浓度远大于碘的浓度，且催化剂酸的浓度也足够大，可视丙酮与酸的浓度为常数。将式（16-1）积分，可得：

$$\int_{c_{\mathrm{D}_1}}^{c_{\mathrm{D}_2}} \mathrm{d}c_{\mathrm{D}} = \int_{t_1}^{t_2} k c_{\mathrm{A}}^{\alpha} c_{\mathrm{H}^+}^{\beta} \, \mathrm{d}t$$
$$c_{\mathrm{D}_2} - c_{\mathrm{D}_1} = k c_{\mathrm{A}}^{\mathrm{a}} c_{\mathrm{H}^+}^{\beta} (t_2 - t_1) \tag{4}$$

按朗伯—比尔（Lambert-Beer）定律，若指定波长的光通过碘溶液后光强为 I，通过蒸馏水后的光强为 I_0，则透光率可表示为：

$$T = \frac{I}{I_0}$$

并且透光率与碘的浓度关系可表示为：

$$\lg T = -\kappa l c_{\mathrm{I}_2} \tag{5}$$

式中：l 为比色皿光径长度，κ是取 10 为底的对数的吸收系数。又因

$$\frac{\mathrm{d}c_{\mathrm{D}}}{\mathrm{d}t} = -\frac{\mathrm{d}c_{\mathrm{I}_2}}{\mathrm{d}t}$$

积分后可得

$$c_{\mathrm{D}(2)} - c_{\mathrm{D}(1)} = c_{\mathrm{I}_2(1)} - c_{\mathrm{I}_2(2)} \tag{6}$$

将式（5）和式（6）代入式（4）中整理得

$$\lg T_2 - \lg T_1 = k(\kappa l) c_{\mathrm{A}}^{\alpha} C_{\mathrm{H}^+}^{\beta} (t_2 - t_1) \tag{7}$$

或

$$k = \frac{\lg T_2 - \lg T_1}{\kappa l (t_2 - t_1)} \cdot \frac{1}{c_{\mathrm{A}}^{\alpha} c_{\mathrm{H}^+}^{\beta}} \tag{8}$$

式中：T_1、T_2 为透光率；κl 可通过测定一已知浓度的碘溶液的透光率 T 代入式（5）求得。当 c_{A} 与 c_{H^+} 浓度已知时，只要测出不同时刻反应体系的透光率，就可利用式（8）求出丙酮碘化反应的速率常数 k。

分别改变反应物丙酮的浓度、H^+ 的浓度和 I_2 的浓度，测定不同初始条件时的反应速率 r，

用式（2）、式（3）求出丙酮与H^+的反应级数，确定反应的总级数 n（即$\alpha+\beta$），根据实验所得之α、β、k，写出与式（1）形式相同的速率方程。

考察碘的浓度改变时对反应速率的影响并解释原因。

三、实验用品

1. 仪器

722N 型分光光度计、比色皿、秒表、磨口锥形瓶（100 mL）、容量瓶（50 mL）、移液管（5 mL）。

2. 药品

丙酮溶液（3 mol·L^{-1}）、HCl 溶液（2 mol·L^{-1}）、I_2标准溶液（0.01 mol·L^{-1}，0.05 mol·L^{-1}）（均须准确标定）。

四、实验步骤

1. 本实验在室温下进行，所得实验结果为室温时的数据，不要求统一温度。

2. 调整分光光度计

（1）在使用仪器前，应该对仪器进行检查：电源接线是否牢固，接地良好；各个调节旋钮的起始位置是否正确。然后再接通电源开关。

（2）开启电源，指示灯亮。选择开关置于“T”，波长调到 560 nm 的位置上，让仪器稳定 30 min。

（3）打开样品室盖（光门自动关闭），调节“▽ /0%”按钮，使数字显示为“000.0”。将装有蒸馏水的比色皿（光径长为 1 cm）放到比色架上，盖上样品室，使之处在光路中。调节透光率“▽ /100 %”按钮，使数字显示为“100.0”。

3. 求κl值

取另一比色皿，注入已知浓度（0.01 mol·L^{-1}）的I_2溶液，放到比色架的另一档位置上，测其透光率 T（注意：显示器上读出的“透光率”相当于I_0=100 时的 I 值，所以透光率 T=$I_{读}$×0.01），利用式（3）求出κl的值。

4. 测定不同初始条件下的实验数据

（1）在一洗净的 50 mL 容量瓶中，用移液管移入 5 mL 3 mol·L^{-1}的丙酮溶液，加入少量的蒸馏水。取另一洗净的 50 mL 容量瓶，用移液管移入 5 mL 0.05 mol·L^{-1}的碘溶液，再用另一支移液管移入 5 L 2 mol·L^{-1}的 HCl 溶液，并在 100mL 磨口锥形瓶中储存足够的蒸馏水备用。盖好各瓶塞并放置 10 min 使温度稳定，再将丙酮溶液倒入装 HCl 和I_2溶液的容量瓶中，用蒸馏水洗涤装丙酮的容量瓶 3～4 次，洗涤液倒入装混合液的容量瓶中，用蒸馏水稀释至刻度。摇匀后迅速倒入比色皿中，用擦镜纸擦干外壁后，放在比色架上。以上操作要快速准确。后面步骤同 3，测其第一个透光率 T 并同时开始计时，之后每隔 3 min 测定一次透光率 T，历时 24 min，记录 9 组时间～透光率（）数据。测定过程中要经常检查仪器零点和蒸馏水空白的透光率。

（2）把上面（1）中的 5 mL 3 mol·L^{-1}的丙酮溶液改成 2.5 mL 3 mol·L^{-1}的丙酮溶液，其余不变，测定其时间～透光率（t, T）数据。

（3）把上面（1）中的 5 mL 2 $mol \cdot L^{-1}$ 的 HCl 溶液改成 2.5 mL 2 $mol \cdot L^{-1}$ 的 HCl 溶液，其余不变，测定其时间～透光率（t, T）数据。

（4）把上面（1）中的 5 mL 0.05 $mol \cdot L^{-1}$ 的 I_2 溶液改成 2.5 mL 0.05 $mol \cdot L^{-1}$ 的 I_2 溶液，其余不变，测定其时间～透光率（t, T）数据。

五、思考题

1. 动力学实验中，正确记录时间是实验的关键。本实验从反应物混合到开始计算反应时间，中间有一段不算很短的操作时间，这对实验有无影响，为什么？

2. 丙酮的卤化反应是复杂反应，为什么？

7.5　凝固点降低法测摩尔质量

一、实验目的

1. 明确溶液凝固点的定义及获得凝固点的正确方法。
2. 用凝固点降低法测定萘的摩尔质量。
3. 掌握凝固点降低法测分子量的原理，加深对稀溶液依数性的理解。

二、实验原理

凝固点降低是稀溶液的一种依数性。凝固点是指在一定压力下，溶液中纯溶剂开始析出的温度。由于溶质的加入，使固态纯溶剂从溶液中析出的温度 T_f 比纯溶剂的凝固点 T_f^* 下降，其降低值 $\Delta T_f = T_f^* - T_f$ 与溶液的质量摩尔浓度成正比，即

$$\Delta T_f = T_f^* - T_f = K_f m(B)$$

$$M_B = K_f \frac{m_2}{\Delta T_f m_1} \times 1\,000$$

其中：T_f^*—纯溶剂 A 的凝固点；T_f—溶液的凝固点；ΔT_f—为凝固点降低值；$m(B)$—B 的质量摩尔浓度；K_f—凝固点降低常数，单位为 $K \cdot kg \cdot mol^{-1}$；$M_B$—溶质 B 的摩尔质量；$m_2$—溶质质量 g；$m_1$—溶剂质量，单位为 g。

凝固点降低法的基本原理是将纯溶剂或稀溶液缓慢匀速冷却，记录体系温度随时间的变化，绘出步冷曲线（温度—时间曲线），用外推法求得纯溶剂或稀溶液中溶剂的凝固点。

纯溶剂步冷曲线：纯溶剂逐步冷却时，体系温度随时间均匀下降，到某一温度时有固体析出，由于结晶放出的凝固热抵消了体系降温时传递给环境的热量，因而保持固液两相平衡，当放热与散热达到平衡时，温度不再改变。在步冷曲线上呈现出一个平台，当全部凝固后，温度又开始下降。从理论上来讲，对于纯溶剂，只要固液两相平衡共存，同时体系温度均匀，那么每次测定的凝固点值应该不变。但实际上由于过冷现象存在，往往每次测定值会有起伏。当过冷现象存在时，纯溶剂的步冷曲线如图 7-3 所示。即先过冷后足够量的晶体产生时，大量的凝固热使体系温度回升，回升后在某一温度维持不变，此不变温度作为纯溶剂的凝固点。

稀溶液的步冷曲线：稀溶液凝固点测定也存在上述类似现象。

没有过冷现象存在时，溶液首先均匀降温，当某一温度有溶剂开始析出时，凝固热抵消了部分体系向环境的放热，在步冷曲线上表现为一转折点，此温度即为该平衡浓度稀溶液的凝固点，随着溶剂析出，凝固点逐渐降低。如图 7-4 所示。

溶液的过冷现象普遍存在。当某一浓度的溶液逐渐冷却成过冷溶液，通过搅拌或加入晶种促使溶剂结晶，由结晶放出的凝固热抵消了体系降温时传递给环境的热量，当凝固放热与体系散热达到平衡时，温度不再回升。此固液两相共存的平衡温度即为溶液的凝固点。

但过冷太厉害或寒剂温度过低，则凝固热抵偿不了散热，此时温度不能回升到凝固点，在温度低于凝固点时完全凝固，就得不到正确的凝固点。

也可从相律上分析，溶剂与溶液的冷却曲线形状不同。对纯溶剂两相共存时，自由度 $f^*=1-2+1=0$，冷却曲线出现水平线段，其形状如图 7-3 所示。对溶液两相共存时，自由度 $f^*=2-2+1=1$，温度仍可下降，但由于溶剂凝固时放出凝固热，使温度回升，但回升到最高点又开始下降，所以冷却曲线不出现水平线段，如图 7-4 所示。由于溶剂析出后，剩余溶液浓度变大，显然回升的最高温度不是原浓度溶液的凝固点，严格的做法应作冷却曲线。但由于冷却曲线不易测出，而真正的平衡浓度又难于直接测定，实验总是用稀溶液，并控制条件使其晶体析出量很少，所以以起始浓度代替平衡浓度，对测定结果不会产生显著影响。

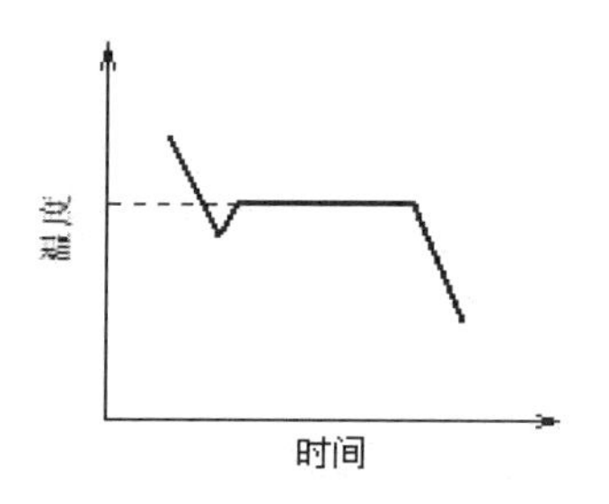

图 7-3　纯溶剂冷却曲线示例

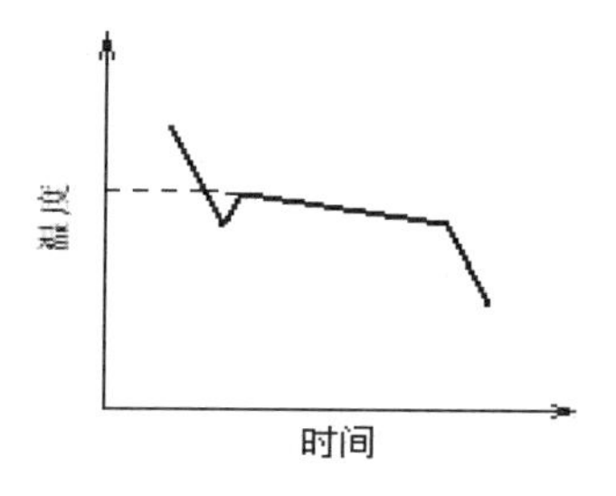

图 7-4　稀溶液冷却曲线示例

三、实验用品

1. 仪器

普通温度计 1 支、25mL 移液管 1 支、压片机一台、精密温差测量仪 1 台。

2. 药品

环己烷（A.R）、萘（A.R）、冰

四、实验步骤

1. 按图 7-5 所示连接好实验装置，注意测定管、搅拌棒都需清洁、干燥，温差测量仪的探头和温度计都须与搅拌棒有一定空隙，防止搅拌时发生摩擦。

2. 向大烧杯中加入冰水混合物，搅拌，使冰浴温度低于溶剂凝固点温度 2～3℃。

3. 向测定管中注入 25 mL 纯环己烷，以液面低于管口 2 cm 为宜，将样品管、搅拌器以及玻璃套管按顺序放入冰浴中（要求环己烷完全浸没在水浴环境中），搅拌。

4. 将温差测量仪置零，探头插入测定管中。缓慢搅拌，同时读取温差测量仪上数据。当刚有固体析出时，迅速取出测定管，擦干管外冰水，插入空气套管中，缓慢均匀搅拌，观察精密温差测量仪的数值显示，直至温度稳定，即为环己烷的凝固点参考温度。取出测定管，用手温热，同时搅拌，使管中固体完全熔化，再将测定管直接插入冰水浴中，缓慢搅拌，使环己烷迅速冷却，当温度降至高于凝固点参考温度时，应急速搅拌（防止过冷超过 0.5℃），促进固体析出，温度开始上升，搅拌减慢，注意观察温差测量仪的变化，直至稳定，此即为环己烷的凝固点。重复测定三次。要求环己烷凝固点的绝对平均误差小于±0.003℃。

5. 取出样品管，使管中的环己烷熔化，从测定管的支管加入事先压成片状的 0.2～0.3 g 的萘，待溶解后，用第 4 步中方法测定溶液的凝固点。先测凝固点的参考温度，再精确测之。溶液凝固点是取过冷后温度回升所达的最后温度，重复三次，要求绝度平均误差小于±0.003℃。

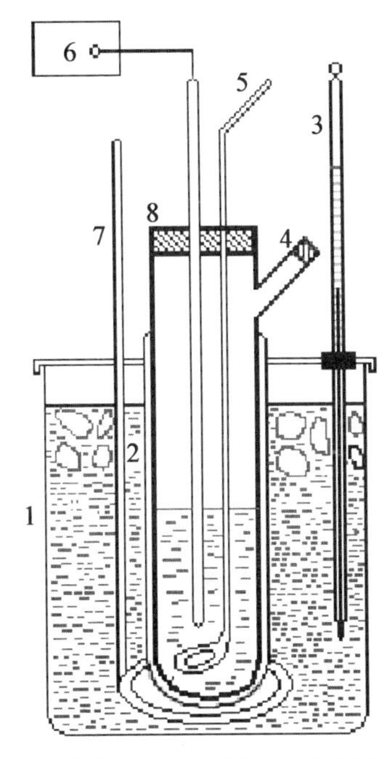

1—大烧杯；2—玻璃套管；3—温度计；4—加样口；5—搅拌器；
6—温差测量仪；7—搅拌棒；8—测定管

图 7–5 实验 7.5 装置图

五、注意事项

1. 插拔连接搅拌器的插头，一定要将电源开关置于断开位置。

2. 注意测定管、搅拌棒都需清洁、干燥。温差测量仪的探头、温度计都必须与搅拌棒有一定空隙，以防止搅拌时摩擦生热，影响环己烷的凝固。

3. 溶剂、溶质的纯度都直接影响实验的结果。

4. 水浴温度不低于 4℃为宜。

六、思考题

1. 为什么要先测近似凝固点？

2. 根据什么原则考虑加入溶质的量？太多或太少会怎样影响结果？
3. 测凝固点时，纯溶剂温度回升后有一恒定阶段，而溶液则没有，为什么？
4. 溶液浓度太稀或太浓对实验结果有什么影响？为什么？
5. 若溶质在溶液中产生离解、缔合等现象，对实验结果有何影响？
6. 试分析引起实验误差的最主要的原因。

7.6　电动势的测定及其应用

一、实验目的

1. 掌握对消法测定电动势的原理，电位差计、检流计及标准电池使用注意事项及简单原理。
2. 学会制备银电极、银—氯化银电极，盐桥的方法。
3. 了解可逆电池电动势的应用。

二、实验原理

原电池是由两个半电池组成，每一个半电池中包含一个电极和相应的电解质溶液。不同的半电池可以组成各种各样的原电池。电池反应中正极起还原作用，负极起氧化作用，而电池反应是电池中两个电极反应的总合。其电动势为组成该电池的两个半电池的电极电势的代数和。若已知一半电池的电极电势，通过测定电动势，即可求得另一半电池的电极电势。目前尚不能从实验上测定单个半电池的电极电势。在电化学中，电极电势是以某一电极为标准而求出其他电极的相对值。现在国际上采用的标准氢电极，即 $\alpha_{H^+}=1$，$p_{H_2}=101\ 325$ Pa 时被氢气所饱和的铂电极。但氢电极使用比较麻烦，因此常把具有稳定电势的电极，如甘汞电极、银—氯化银电极等作为第二类参比电极。

通过测定电极电动势可求算某些反应的 ΔH、ΔS、ΔG 等热力学函数；电解质的平均活度系数，难溶盐的溶度积和溶液的 pH 值等数据。但要求上述数据，必须是能够设计成一个可逆电池，该电池就是所需求的反应。例如：

1. 用电动势法求 AgCl 的 K_{sp}

需设计成如下电池：

$$Ag(s) \mid AgCl(s) \mid HCl(c_1) \| AgNO_3(c_2) \mid Ag(s)$$

电池的电极反应为如下：

$$Ag + Cl^- \rightarrow AgCl + e \qquad (负极)$$

$$Ag^+ + e \rightarrow Ag \qquad (正极)$$

电池总反应：　$Ag^+ + Cl^- \rightarrow AgCl$

电池电动势：　$E = \varphi_{右} - \varphi_{左}$

$$E=\left[\varphi^{\theta}_{Ag^+}+\frac{RT}{F}\ln\alpha_{Ag^+}\right]-\left[\varphi^{\theta}_{Ag+AgCl,Cl^-}+\frac{RT}{F}\ln\frac{1}{\alpha_{Cl^-}}\right]=E^{\theta}-\frac{RT}{F}\ln\frac{1}{\alpha_{Ag^+}\cdot\alpha_{Cl^-}}$$

因为

$$\Delta G^{\theta}=-nE^{\theta}F=-RT\ln\frac{1}{K_{sp}}$$

$$E^{\theta}=\frac{RT}{F}\ln\frac{1}{K_{sp}}$$

所以

$$\lg K_{sp}=\lg\alpha_{Ag^+}+\lg\alpha_{Cl^-}-\frac{EF}{2.303RT}$$

只要测得该电池的电动势，就可以通过上式求得 AgCl 的 K_{sp}。

2. 通过电动势的测定，求溶液的 pH 值

可设如下电池：

Hg (l) + Hg_2Cl_2 (s) | 饱和 KCl 溶液 ‖ 未知 pH 的饱和醌氢醌溶液 | Pt

醌氢醌为等摩尔的醌和氢醌的结晶化合物，在水中溶解度很小，作为正极时反应为：

$$C_6H_4O_2+2H^++2e\rightarrow C_6H_4(OH)_2$$

其电极电势为：

$$\varphi_{右}=\varphi^{\theta}_{醌氢醌}-\frac{RT}{2F}\ln\frac{\alpha_{醌氢}}{\alpha_{醌}\cdot\alpha^2_{H^+}}=\varphi^{\theta}_{醌氢醌}-\frac{2.303RT}{F}\text{pH}$$

因为

$$E=\varphi_{右}-\varphi_{左}=\varphi^{\theta}_{醌氢醌}-\frac{2.303RT}{F}\text{pH}-\varphi_{甘汞}$$

所以

$$\text{pH}=\frac{\varphi^{\theta}_{醌氢醌}-E-\varphi_{甘汞}}{2.303RT/F}$$

只要测得电动势，就可以通过上式求得溶液未知的 pH 值。

测电池电动势时如果用伏特计，整个线路上会有电流通过，在电池两电极上会发生化学反应，溶液浓度发生变化，电动势不稳定，所以要准确测定电池电动势，只有在无电流情况下进行，所以要用对消法。

三、实验用品

1. 仪器

UJ-25 型电位差计 1 台，直流辐射式检流计 1 台，稳流电源 1 台，电位差计稳压电源 1 台，韦斯顿标准电池（电动势为 1 018.62 mV）1 台，银电极 2 支，铂电极、饱和甘汞电极各 1 支，盐桥玻管 4 根。

2. 药品

镀银溶液，盐桥液，0.100 mol·L^{-1} $AgNO_3$ 溶液，0.100 mol·L^{-1} 的 HCl，1 mol·L^{-1} 醌氢醌。

四、实验步骤

本实验测定下列 4 个电池的电动势：

（1）Hg (l) + Hg_2Cl_2 (s) | 饱和 KCl 溶液 ‖ $AgNO_3$ (0.100 mol·L^{-1}) | Ag (s)

（2）Ag (s) | KCl（0.01 mol·L^{-1}）与饱和 AgCl ‖ $AgNO_3$ (0.100 mol·L^{-1}) | Ag (s)

（3）Hg (l) + Hg_2Cl_2 (s) | 饱和 KCl 溶液 ‖ 未知 pH 的饱和醌氢醌溶液 | Pt

（4）Ag (s) + AgCl (s) | HCl (0.100 mol·L^{-1}) ‖ $AgNO_3$ (0.100 mol·L^{-1}) | Ag (s)

1. 电极制备

（1）银电极的制备：将欲镀之银电极两只用细砂纸轻轻打磨至露出新鲜的金属光泽，再用蒸馏水洗净。将欲用的两只 Pt 电极浸入稀硝酸溶液片刻，取出用蒸馏水洗净。将洗净的电极分别插入盛有镀银液的小瓶中，按图接好线路，并将两个小瓶串联，控制电流为 0.3 mA，镀 1 h，得白色紧密的镀银电极两只。

（2）银—氯化银电极的制备：将上面制成的一支银电极用蒸馏水洗净，作为正极，以 Pt 电极作负极，在约 1 mol·L^{-1} 的 HCl 溶液中电镀。控制电流为 2 mA 左右，镀 30 min，可得呈紫褐色的 Ag-AgCl 电极，该电极不用时应保存在 KCl 溶液中，贮藏于暗处。

（3）铂电极和饱和甘汞电极：采用现成的商品，使用前用蒸馏水淋洗干净，若铂片上有油污，应在丙酮中浸泡，然后用蒸馏水淋洗。

（4）醌氢醌电极：将少量醌氢醌固体加入待测得未知 pH 溶液中，搅拌使成饱和溶液，然后插入干净的铂电极。

2. 盐桥的制备

为了消除液接电势，必须使用盐桥，其制备是用琼胶：KNO_3:H_2O = 1.5:20:50 的比例加入到锥形瓶中，于热水浴中加热溶解，然后用滴管将它灌入干净的 U 型管中，U 型管中以及管两端不能留有气泡，冷却后待用。

3. 电动势的测定

（1）组成上述 4 个电池。

（2）将标准电池、工作电池、待测电池、检流计接至 UJ-25 型电位差计上，注意正、负极不能接错。

（3）校正工作电流 先读取环境温度，校正标准电池的电动势。调节标准电池的温度补偿旋钮至计算值，将转换开关拨至“N”处，转动工作电流调节旋钮至粗、中、细、微档，依次按下电流计旋钮“粗”、“细”，直至检流计示零。在测量过程中经常要检查指针是否发生偏离，如偏离要加以校正。

（4）测量待测电池电动势 将转换开关拨向×1 或×2 位置，从大到小旋转测量旋钮，按下电计旋钮“粗”、“细”，直至检流计示零，6 个小窗口内读数即为待测电池电动势。

实验完毕，把盐桥放在水中加热溶解，洗净，其他仪器复原，检流计断路放置。

7.7　离子迁移数的测定（希托夫法）

一、实验目的

1. 掌握希托夫法测定离子迁移数的方法。
2. 掌握库仑计的使用。
3. 测定 $CuSO_4$ 水溶液中 Cu^{2+}、SO_4^{2-}的迁移数。

二、实验原理

离子在电场作用下的运动称为电迁移。电迁移的存在是电解质溶液导电的必要条件，整个电流在溶液中的传导是由阴阳离子共同承担的。离子在电场中运动的速率与离子本性（包括离子半径、离子水合程度、所带电荷等）以及溶剂性质（如黏度）、电场的电位梯度 dE/dl 有关。阴、阳离子迁移的电量在通过溶液的总电量中所占的份额则由阴、阳离子运动速率决定，阴、阳离子运动速率同时也决定了离子迁出相应电极区内物质的量。

电流通过电解质溶液时，正离子向负极迁移，负离子向正极迁移，正、负离子共同承担传递电量的任务。

$$Q = q_+ + q_-$$

离子迁移数：

$$t_+ = \frac{q_+}{Q} \qquad t_- = \frac{q_-}{Q} \qquad \sum_i t_i = 1$$

只要测出阳离子迁出阳极区或阴离子迁出阴极区的物质的量及发生电极反应的物质的量，即可求得离子的迁移数，此即为希托夫法。串联的电量计可用于测定电极反应的物质的量。在管内装有已知浓度的电解质溶液，接通电源，让很小的电流通过电解质溶液，这时阳、阴离子分别向阴、阳两极迁移，同时在电极上发生反应，致使电极附近的溶液浓度不断发生改变，而中部溶液的浓度基本保持不变。通电一段时间后，通过阴极部（或阳极部）溶液中电解质含量的变化及串联在电路中的电量计上测出的通过的总电量，就可算出离子的迁移数。若有的离子只发生迁移而并不发生反应，则迁移数的计算就更为简单。

设想在两个惰性电极之间有平面 *AA* 和 *BB*，将溶液分为阳极部、中部及阴极部三个部分。假定未通电前，各部均含正、负离子各 5 mol，分别用+、−号代替。设离子都是一价的，当通入 4 mol 电子的电量时，阳极上有 4 mol 负离子氧化，阴极上有 4 mol 正离子还原。

$$\frac{\text{正离子迁移的电荷量}(q_+)}{\text{负离子迁移的电荷量}(q_-)} = \frac{\text{阳极区减少的电解质}}{\text{阴极区减少的电解质}}$$

$$t_+ = \frac{\text{阳极区减少的电解质}}{\text{通过溶液的总电荷量}}, \qquad t_- = \frac{\text{阴极区减少的电解质}}{\text{通过溶液的总电荷量}}$$

本实验中：

$$阳极反应：Cu - 2e \rightarrow Cu^{2+}$$
$$阴极反应：Cu^{2+} + 2e \rightarrow Cu$$

$$t_+ = \frac{阳极区增加的电解质}{通过溶液的总电荷量}$$

三、实验用品

1. 仪器

HTF-7B 离子迁移数测定仪、吹风机、擦镜纸。

2. 药品

0.05 mol·L^{-1} $CuSO_4$、6 mol·L^{-1} HNO_3、无水乙醇、蒸馏水。

四、实验步骤

1. 拧紧迁移管支架上的固定片，小心让迁移管中间区的活塞离开支架上的固定孔，将迁移管由上向下从支架取下（如移液管是第一次使用，应小心洗涤迁移管，用吸水纸擦干活塞，涂上凡士林，检查是否漏液）。

2. 用少量 0.05 mol·L^{-1} $CuSO_4$ 溶液做迁移液荡洗迁移管 3 次。拧松迁移管支架上的固定片，小心将迁移管由下向上送上支架，让迁移管中间区的活塞搁在支架上的固定孔，最后调节固定片固定好迁移管（注意，固定片不可拧得过紧，以防压裂迁移管）。

3. 将铜电量计中的阴极极片取出，用金相砂纸打磨至光亮，用水冲洗，然后浸入 1 mol·L^{-1} 的 HNO_3 溶液 2～3 min，取出先用蒸馏水冲洗，再用乙醇淋洗，最后用电吹风吹干，称重。此外选择一电极作为迁移管中的阴极，用金相砂纸将其打磨光亮即可。

4. 向迁移管中加入迁移液，当放置好电极后，将液面调至中极管拐弯口的上平面，向铜电量计加入电解液约至液瓶 2/3，不能有气泡。

5. 如图 7-6 所示将测定装置连接好（将粗、细电流调节旋钮逆时针旋到底；连接电源输出线，红为正，黑为负），检查无误后接通电源，控制电流 18 mA，通电 90 min。

6. 通电时间一到，立即断开电源，及时先放下中极区的溶液，然后分别放下阴极、阳极区的溶液，称重（注意，必须先放掉中间区的溶液，否则各区会串液；接液所用锥形瓶须在通电结束前预先洗净、烘干，编号、称重）。

7. 及时将铜电量计的阴极极片取出，用蒸馏水小心洗去电解液，用乙醇淋洗，然后用电吹风吹干后并称重。

8. 将中间区和阴极区 $CuSO_4$ 溶液分别放入锥形瓶，用碘量法滴定测浓度：各瓶中加入 10% KI 溶液 100 mL，1 mol·L^{-1} HAc 溶液 10 mL，用标准 $Na_2S_2O_3$ 溶液滴定，滴定至微黄色，加入淀粉指示剂，再滴定至紫色消失，根据用量计算浓度；计算离子迁移数 $n_{迁}$。

$$n_{迁} = n_{前} - n_{后} + n_{电}$$

$$(V \times M)_{Na_2S_2O_3} \times 159.6 / 1\,000 = m_{CuSO_4}$$

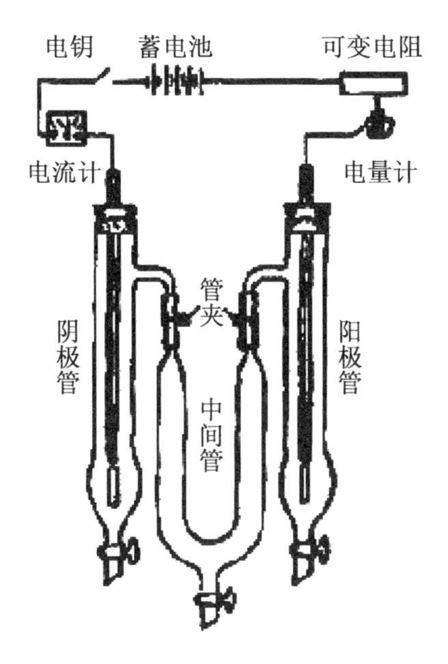

图 7-6　离迁移数测定装置

五、注意事项

1. 开机前先检查“输出调节”旋钮应在逆时针到底的位置。“输出”端红色为正极，黑色为负极。

2. 电量计中共有三片铜片，两边铜片为阳极，中间铜片为阴极。

六、思考题

1. 测定离子迁移数为什么不用蒸馏水而用原始溶液冲洗电极？

2. 中间区浓度改变说明什么？如何防止？

3. 影响本实验的因素有哪些？

7.8　旋光法测定蔗糖水解反应的速率常数

一、实验目的

1. 进一步学习和了解旋光仪的结构和工作原理，掌握自动旋光仪的使用方法。

2. 进一步学习和掌握物质的旋光度、比旋光度的概念。

3. 掌握用物质的旋光性间接测定反应速率的方法。

二、实验原理

旋光性是具有光学活性物质的一种特殊性质，当一束偏振光通过旋光性物质时，它们可以把偏振光的振动面（即偏振光振动方向所在的平面，这个平面与光的传播方向垂直）旋转一定角度，旋转的角度称为旋光度（α）。

通常把偏振光通过厚度为 1 dm、浓度为 1 g·mL^{-1} 的旋光物质的溶液时的旋光度定义为该物质的比旋光度，以[α]表示，则

$$[\alpha]_{\lambda}^{t}=\frac{\alpha}{l\rho^{B}} \tag{1}$$

式中：l——光线通过溶液的厚度，即旋光管的长度（dm）；

ρ^{B}——溶液的质量浓度，即密度（g·mL^{-1}）；

α——旋光度；

t——测定时的温度（℃）；

λ——所用光源的波长（nm）。

在一定条件下旋光度与浓度成正比，通过测定旋光度可以测定溶液的浓度。因此利用旋光度可以测定反应的速率常数。

本实验中蔗糖的水解反应为：

$$C_{12}H_{22}O_{11} + H_2O \xrightarrow{H^+} C_6H_{12}O_6 + C_6H_{12}O_6$$

蔗糖　　　　　　　　葡萄糖　　果糖

由于水的量远大于蔗糖，因此其浓度可看做常数；反应中 H^+是催化剂其浓度保持不变，因此上述反应可看做一级反应（准一级反应），其速率方程式可表示为：

$$-\frac{\mathrm{d}c}{\mathrm{d}t}=kc$$

式中：c——时间 t 时反应物（蔗糖）的浓度（mol·L^{-1}）；

k——反应速率常数。

积分可得：

$$\ln c=-kt+\ln c_0$$

即：

$$k=\frac{1}{t}\ln\frac{c_0}{c} \tag{2}$$

式中：c_0——反应物（蔗糖）的起始浓度（mol·L^{-1}）。

根据式（2）只要测出不同反应时刻蔗糖的浓度，以 ln$c$ 对 t 作图得到一条直线，就证明蔗糖水解反应为一级反应，并可从直线的斜率求得反应速率常数 k。

本实验把一定浓度的蔗糖溶液与一定浓度的 HCl 溶液等体积混合，并用旋光仪测定溶液的旋光度随时间的变化关系，来确定蔗糖的酸催化水解反应进程。

蔗糖具有右旋光性，$[\alpha]_{\mathrm{D}}^{20}=66.5°$；水解产生的葡萄糖液为右旋光性$[\alpha]_{\mathrm{D}}^{20}=52.5°$。而果糖为左旋光性，$[\alpha]_{\mathrm{D}}^{20}=-91.9°$（上标 20 表示测定温度为 20℃，下标 D 表示所用光源为 Na 光源 D 的波长，为 589.0 nm），由于果糖的左旋性比葡萄糖的右旋性大，随着反应的进行，右旋数值逐渐减小，最后变成左旋，因此蔗糖水解反应又称为转化反应。

在相同条件下，物质的浓度与旋光度成正比。设α_0、α_t、α_∞分别为反应开始时、t 时、反应终了时溶液的旋光度，蔗糖水解反应是可以进行到底的反应，即 $c_\infty=0$。$K_{蔗}$、$K_{葡}$、$K_{果}$分别为蔗糖、葡萄糖、果糖的旋光度与浓度之间的比例系数，则：

$$\alpha_0 = K_{蔗} c_0 \quad (t=0) \tag{3}$$

$$\alpha_t = K_{蔗}\, c + (K_{葡} + K_{果})(c_0 - c) \tag{4}$$

$$\alpha_\infty = (K_{葡} + K_{果})(c_0) \quad (t=\infty) \tag{5}$$

将式（3）、（4）、（5）三式合并消去 K 得：

$$\frac{c_0}{c} = \frac{\alpha_0 - \alpha_\infty}{\alpha_t - \alpha_\infty} \tag{6}$$

将式（6）代入式（2）得：

$$k = \frac{1}{t}\ln\frac{\alpha_0 - \alpha_\infty}{\alpha_t - \alpha_\infty} \tag{7}$$

整理后得：

$$\ln(\alpha_t - \alpha_\infty) = -kt + \ln(\alpha_0 - \alpha_\infty) \tag{8}$$

若测出不同时刻的 α_t 及 α_∞，以 $\ln(\alpha_t - \alpha_\infty)$ 对 t 作图，从所得直线斜率即可求出蔗糖水解反应的速率常数 k 值。

如果测出不同温度的 k 值，利用阿伦尼乌斯公式则可求出此反应在该温度范围内的平均活化能 E_a：

$$\ln k = -\frac{E_a}{RT} + C \quad （C 为常数） \tag{9}$$

以 $\ln k$ 对 $\frac{1}{T}$ 作图，可得一直线，从直线斜率可求算反应的活化能 E_a。

三、实验用品

1. 仪器

旋光仪及其附件一套、叉形反应管 2 只、恒温槽及其附件一套、停表一只、容量瓶（100 mL×1，25 mL×3）、移液管（25 mL，胖肚，1 只；25 mL，刻度，1 只）、烧杯（500 mL）1 只、洗瓶一只、洗耳球一个。

2. 药品

蔗糖（化学纯）、HCl（分析纯）。

四、实验步骤

1. 开启恒温水浴槽，将目标温度调至所需值，开始加热。

2. 称取 20 g 蔗糖溶解，在 100 mL 的容量瓶中定容。

3. α_t 的测定：用移液管移取蔗糖溶液 25 mL 放入锥形瓶中，再用另一只移液管吸取 25 mL 2.0 mol·L HCl 溶液放入另一锥形瓶中，将其置于 30℃恒温槽中恒温，10 min 后使两锥形瓶中溶液混合，同时开始计时。用此溶液洗涤旋光管 2～3 次，然后装满旋光管，勿留有气泡。由于温度已改变，需将旋光管再置于恒温槽中恒温 10 min 左右，取出，擦干，测定其旋光度（由于旋光度随时间在变，温度在观察过程中也在变化，所以在测定时要求动作熟练迅速）。测定后将旋光管继续放入恒温槽中恒温。以后每隔 8～10 min 测量一次，至少测量 10 个数据。

4. α_∞ 的测定：蔗糖水解反应在 30℃时需要 48 h 左右才能进行到底，为了加速反应进度，可将锥形瓶中的剩余混合溶液放到另一 50℃恒温水浴中恒温 1.5 h 左右（温度过高会引起其他副反应），使反应接近完成，取出冷却后装入旋光管中，再放入 30℃水浴中恒温 10 min 后，测定旋光度即为 α_∞ 值。

实验结束后洗净旋光管，装满蒸馏水。

五、注意事项

1. 在向旋光管中装纯水及样品时应保证旋光管中没有气泡，以保证对旋光度测量的准确性。

2. 在测定 α_∞ 时，可通过加热使反应速度加快，缩短反应时间，但加热温度不要超过 50℃。

六、思考题

在盐酸和蔗糖溶液混合时，为什么要将盐酸往蔗糖中倒？

7.9　燃烧热的测定

一、实验目的

1. 通过测定萘的燃烧热，掌握有关热化学实验的一般知识和技术。
2. 掌握氧弹式量热计的原理、构造及其使用方法。
3. 掌握高压钢瓶的有关知识并能正确使用。

二、实验原理

燃烧热是指 1 mol 物质完全燃烧生成稳定产物时的反应热。所谓“完全燃烧”是指生成 CO_2（气），H_2 生成 H_2O（液），S 生成 SO_2（气），而 N、卤素、银等元素变为游离状态。

本实验是在等容的条件下测定的。等压热效应与等容热效应关系为：

$$\Delta_c H_m = \Delta_c U_m + \Delta nRT$$

Δn 是燃烧反应方程式中气体物质的化学计量数，产物取正值，反应物取负值。燃烧热可在恒容或恒压条件下测定，由热力学第一定律可知，在不做非膨胀功时，$\Delta_c U_m = Q_V$，$\Delta_c H_m = Q_p$。

在氧弹式量热计中测定的燃烧热是 Q_p，则

$$Q_p = Q_V + \Delta nRT$$

式中：Δn——产物中气体的物质的量减去反应物中气体的物质的量（mol）；

R——摩尔气体常数（$J \cdot mol^{-1} \cdot K^{-1}$）；

T——反应时的热力学温度（K）。

测量热效应的仪器称做热量计。热量计的种类很多，一般测量燃烧热用氧弹式热量计。

实验中先把 m g 样品放入密闭氧弹中，并充入氧气，然后将氧弹放入装有一定量水的内筒中点火，使 m g 样品完全燃烧，放出的热量传给水及内筒，使之温度上升，如果设体系（包括水、内筒及氧弹）的热容为常数 $C_{仪}$（单位为 $J \cdot K^{-1}$），水的始末温度为 T_0 和 T_n 则 m g 物质

的燃烧热为：

$$Q_V = C_{仪}(T_n - T_0)$$

该物质的摩尔燃烧热为：

$$Q_{V,\mathrm{m}} = \frac{MC_{仪}(T_n - T_0)}{m}$$

式中：m——样品的质量（g）；

M——该物质的摩尔质量（$\mathrm{g\cdot mol^{-1}}$）。

在本实验中，已知献测得苯甲酸燃烧前后的温度差，因为已知苯甲酸的燃烧热（$Q_{p,\mathrm{m}}$=−3 226.8 $\mathrm{KJ\cdot mol^{-1}}$）求出 $C_{仪}$；再测得萘燃烧前后温度差，根据已求得的 $C_{仪}$求萘的其燃烧热。

三、实验用品

1. 仪器

GR3500 氧弹式量热计一套、氧气钢瓶、万用电表、数字式精密温差测量仪一台、燃烧丝。

2. 药品

苯甲酸（分析纯）、萘（分析纯）。

四、实验步骤

1. 将量热计及其全部附件加以整理并洗干净。

2. 压片：取 10 cm 长的燃烧丝绕火柴棒成小线圈（3～4 个），称重。另粗称约 0.6～0.8 g 的苯甲酸，将燃烧丝放在苯甲酸中，在压片机中压成片状（不能太紧或太松），称重。样品的重量即为药品片的重量减去燃烧丝的重量，如图 7-7 所示。

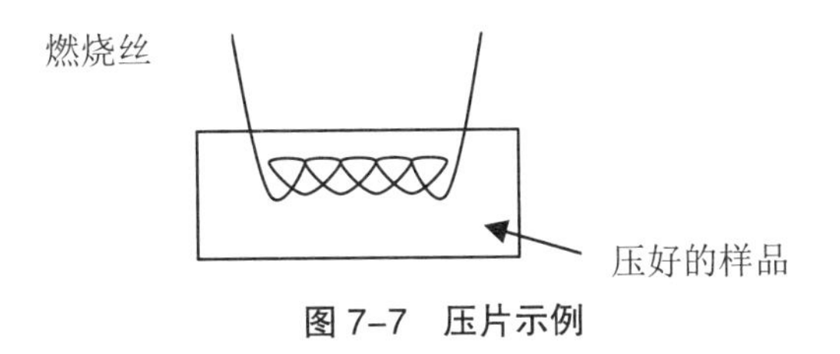

图 7-7　压片示例

3. 充氧气

（1）将氧弹盖取下放在专用的弹头架上，将装有样品的燃烧杯放在燃烧杯架上，把燃烧丝的两端分别紧绕在氧弹头的两根电极上，用万用表测量两电极之间的电阻值。（两电极不能与燃烧杯相碰或短路）。把弹头放入弹杯中，用手将其拧紧。再用万用表检查两电极之间的电阻，若没有太大变化，则可充氧。

（2）使用高压钢瓶时必须严格遵守操作规则。开始先充少量氧气（约 0.5 MPa），然后用放气帽将充入的氧气放出，借此排出氧弹中的空气。然后再充入氧气（约 1.5 MPa）。氧弹结构如图 7-8 所示。充好氧气后再用万用表检查两电极之间的电阻值，若变化不大，将氧弹放入内筒。

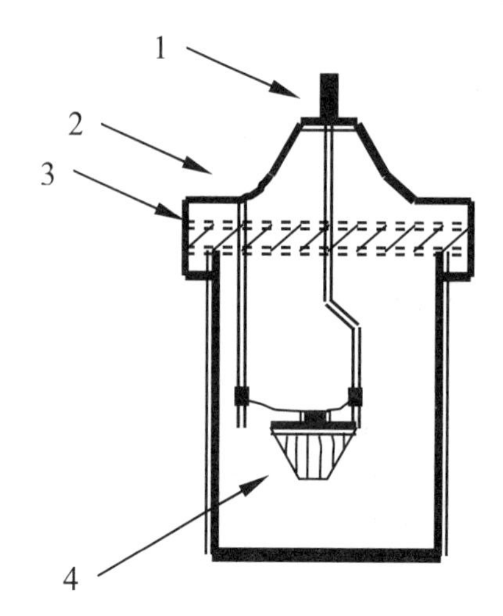

1—进气口、出气口、电极；2—电极；3—弹盖；4—燃烧杯

图 7–8　氧弹结构示意图

4. 调节水温：将温差测量仪探头放在外筒中，测得外筒水的温度。取 2 500 mL 自来水，调节其水温比外筒水低 1 K 左右，注入内筒中，使水面盖过氧弹（两电极应保持干燥）。如果氧弹有气泡冒出，说明漏气，应检查并排除。装好搅拌头，接好电极插头，盖上盖子，将温差测量仪探头插到内筒水中（拔除前记下外筒水温度）。装置如图 7–9 所示。

5. 点火：打开点火器总电源开关，打开搅拌开关，待马达运转，按下基准温度转到温差键，每隔 30 s 记录温差一次（精确到± 0.002 ℃）直至连续 3 次水温变化不大。按下点火键，当温度开始明显升高时表示样品已经燃烧。样品燃烧后仍每隔 30 s 记录温度一次，当温度变化不大后，再记录 5 次，停止实验。

取出温差测量仪探头放到外筒中，取出氧弹，放出余气，检查样品燃烧结果，若无燃烧残渣，表示燃烧完全，实验成功。若有黑色残渣表示燃烧不完全，实验失败。冲洗氧弹及燃烧杯，倒掉内筒中水，把物件用纱布擦干，待用。

6. 测量萘的燃烧热：称取 0.4～0.6 g 萘代替苯甲酸，重复上述实验。

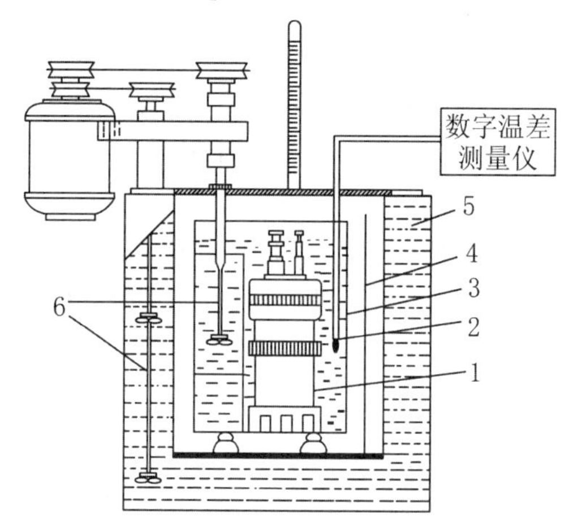

1—弹头；2—数字温度计；3—内桶；4—空气夹层；5—外桶；6—搅拌头

图 7–9　环境恒温式氧弹量热计装置

五、思考题

1. 本实验中，哪些为体系？哪些为环境？实验过程中有无热损耗，如何要降低热损耗？

2. 欲测定液体样品的燃烧热，你能想出测定方法吗？

3. 实验中哪些因素容易造成误差？最大误差是哪种？提高本实验的准确度应该从哪些方面考虑？

7.10　双液系气液平衡相图

一、实验目的

1. 绘制环己烷异丙醇双液系的沸点组成图，并由图形确定其恒沸点及恒沸组成。

2. 学习掌握阿贝折光仪的原理及使用方法。

二、实验原理

单组分液体在一定的外压下沸点为一定值，把两种完全互溶的挥发性液体混合后，在一定的温度下，平衡共存的气、液两相组成通常并不相同。因此在恒压下将溶液蒸溜，测定出溜出物（气相）和蒸馏液（液相）的组成，就能找出平衡时气、液两相的成分并绘出 *T-X* 图。完全互溶的双液系 *T-X* 图可分为三类：

（1）液体与乌拉尔定律偏差不大在 *T-X* 图上液体的沸点介于两纯物质沸点之间，如苯一甲苯体系。

（2）实际溶液由于两纯组分相互影响，常与拉乌尔定律有较大负偏差，在 *T-X* 图上出现最高点，如盐酸—水体系、丙酮—氯仿体系等。

（3）两纯组分混合后与拉乌尔定律有较大的正偏差，在 *T-X* 图上出现最低点，如水—乙醇、苯—乙醇等体系。

其中（2）和（3）类溶液在最高点和最低点时气—液两相组成相同，这些点成为恒沸点，其相应的溶液称为恒沸点混合物，恒沸点混合物靠蒸溜无法改变其组成。

由于溶液的折射率与组成有关，平衡时气—液两相组成的分析，可使用阿贝折射仪测定。

三、实验用品

1. 仪器

沸点测定仪、阿贝折光仪、调压器、超级恒温水浴、滴管（长、短）、吸量管与移液管（1 mL、5 mL、10 mL、25 mL）。

2. 药品

环己烷、异丙醇、丙酮。

四、实验步骤

1. 绘制标准曲线

将 9 只小试管编号，依次移入 0.100 mL、0.200 mL、0.900 mL 的环己烷，再依次移入 0.900 mL、0.800 mL、0.100 mL 的异丙醇，混合均匀，配成 9 份溶液（按纯样品的密度换算成质量百分浓度）。用阿贝折射仪测定每份溶液的折射率。以折射率对浓度作图，即可绘制曲线。

2. 溶液沸点及气—液两相组成的测定

（1）将仪器按要求装好，由支管加入 25 mL 异丙醇，接通冷凝水，接通电源，逐渐加大电流，使液体缓慢加热至沸腾。待温度稳定后维持 30～60 s，记录温度计读数及大气压，冷却后从小液槽中抽取气相样品迅速测定其折光率，同时停止加热，用长胶头滴管抽圆底烧瓶中液相样品测其折光率。按上述操作步骤分别测定加入 1.00 mL、2.00 mL、3.00 mL、4.00 mL、5.00 mL、10.00 mL 环己烷时的沸点及其气、液两相的折光率。

（2）将沸点仪内液体倒入回收瓶中，用环己烷清洗沸点仪。取 25 mL 环己烷加入到沸点仪中，按（1）中步骤分别测定加入.0.00 mL、0.20 mL、0.50 mL、1.00 mL、2.00 mL、3.00 mL、4.00 mL、5.00 mL 异丙醇时溶液的沸点及气、液两相的折光率。

五、注意事项

1. 电阻丝不能露出液面，一定要被欲测液体浸没，否则通电加热会引起有机体燃烧。通过电流不能太大（在本实验中所用电阻丝时），只要能使被测液体沸腾即可，过大会引起液体的燃烧或烧断电阻丝。

2. 一定要使体系达到气、液平衡，即温度读数恒定不变时才能测定。

3. 实验过程中必须在冷凝管中通冷却水，使气相全部冷凝。

4. 只有在停止通电加热后才能取样分析。

六、思考题

1. 操作过程中加入不同体积的各组分时如发生了微小偏差，对相图的绘制有无影响，为什么？

2. 使用阿贝折光仪时要注意什么？

3. 如何判断气液两相是否处于平衡？

第 8 章　自行设计实验

设计性实验与综合性实验在内容、形式和要求上都有较大区别，从综合性实验向设计性实验过渡，对大学一年级学生来说难度较大。准设计性实验是介于综合性实验与设计性实验之间的实验，是在教师指导下的设计性实验。准设计性实验赋予综合性实验以设计性实验的内涵，缩小了综合性实验与设计性实验的距离，为学生搭起了独立分析问题、解决问题的平台，给学生创造独立思考问题、独立完成实验的空间，大大调动了学生的学习积极性，变被动学习为主动学习，培养学生的创新意识，初步培养了学生做设计性实验的能力。从内容上看，准设计性实验是综合性较强的实验，学生通过查阅资料可以找到实验方案，但实验方案不唯一，学生在充分查阅文献、运用已有的理论知识、反复推敲后，选择设计出最佳方案。准设计性实验不仅能较全面地巩固学生所学的理论知识和基本操作技能，而且通过查阅文献能扩大学生的知识面。使学生初步了解文献资料的查阅、分析、综合整理及撰写科技论文的基本要求、方法。训练学生的语言文字表达能力。

自行设计实验具体步骤如下：

（1）下达实验任务，学生根据预习报告提纲查阅资料，写出预习报告（拟实验方案）。

（2）教师批阅拟实验方案，指导学生写出可行性实验方案。

（3）实验课堂教学，教师点评学生的可行性实验方案，指出确保实验成功的关键。

（4）学生按自己的可行性实验方案独立完成实验。

（5）学生根据实验报告提纲写出实验报告（小论文）。

小论文包括如下基本内容：题目、作者姓名、摘要、关键词、前言、实验部分、结果与讨论、结论、参考文献。

8.1　番茄汁中 Vc 含量的测定

一、实验目的

1. 测定番茄汁中 Vc 含量，学习多种测定西红柿、番茄汁中 Vc 含量的方法和原理，全面巩固所学的理论知识。

2. 训练对实物试样中某组分含量测定的一般步骤，全面提高学生分析问题、解决问题的能力。

3. 使学生初步了解文献资料的查阅、分析、综合整理及撰写科技论文的基本要求和方法，并且训练学生的语言文字表达能力。

二、实验要求

1. 提前 4 周下达实验任务，学生根据预习报告提纲查阅资料，写出预习报告（拟实验方案），在 1～2 周内完成，交实验教师评阅。

2. 教师批阅拟实验方案，指导学生写出可行性实验方案（第 3 周）。

3. 实验课堂教学，教师点评学生的可行性实验方案，指出确保实验成功的关键，学生进一步完善可行性实验方案（第 4 周）。

4. 学生按自己设计的实验方案独立完成实验（第 4 周）。

5. 学生根据实验报告提纲写出实验报告（小论文）（第 4～5 周）。

三、实验指导

Ⅰ. 番茄汁中 Vc 含量的测定预习报告（拟实验方案）提纲

番茄汁中 Vc 含量的测定预习报告

姓名　　　　班级

1. 查阅资料：（1）查阅参考书；（2）利用网络资源。

2. 写出预实验报告（包括以下内容）

（1）前言（包括以下内容）

Vc 的生理作用，一般果蔬所含 Vc 的情况，测定果蔬中 Vc 含量的意义。

测定果蔬中 Vc 含量的一般方法（至少讨论三种方法），分析不同分析方法的优缺点及可行性，设计出拟采用的测定西红柿、番茄汁中 Vc 含量的方法。

（2）实验部分

拟采用的方法路线、反应原理及计算公式。

仪器、药品。

实验步骤。

Ⅱ. 番茄汁中 Vc 含量的测定实验报告（小论文）的书写提纲

番茄汁中 Vc 的测定

姓名　　　　班级

摘要：指出本文采用的方法、手段、所做的工作及其结果。

关键词：Vc 的测定　番茄汁　果蔬

1. 前言

Vc 的生理作用，医药、工业等方面应用；一般果蔬所含 Vc 的情况，测定果蔬中 Vc 含量的意义；测定果蔬中 Vc 含量的一般方法，分析不同分析方法的优缺点，指出实验采用的方法、所做的工作及其结果。

2. 实验部分

2.1 仪器、药品

2.2 测定原理

2.3 实验步骤

3. 结果与讨论
4. 结论
5. 参考文献

8.2　酱油中 NaCl 的测定

一、实验目的

1. 综述多种测定酱油中 NaCl 含量的方法和原理，测定酱油中 NaCl 含量，巩固学生所学的理论知识。

2. 训练对实物试样中某组分含量测定的一般步骤，全面提高学生分析问题、解决问题的能力。

3. 使学生初步了解文献资料的查阅、分析、综合整理及撰写科技论文的基本要求和方法，并且训练学生的语言文字表达能力。

二、实验要求（同实验 8.1）

三、实验指导

Ⅰ. 酱油中 NaCl 含量的测定预习报告（拟实验方案）提纲

酱油中 NaCl 含量的测定预习报告

姓名　　　班级

1. 查阅资料：（1）查阅参考书；（2）利用网络资源。

2. 写出预实验报告（包括以下内容）

（1）前言（包括以下内容）

酱油的主要成分及其营养，酱油中 NaCl 的含量与其质量的关系，测定酱油中 NaCl 含量的意义。

测定酱油中 NaCl 含量的一般方法（至少讨论三种方法），分析不同分析方法的优缺点及可行性，设计出拟采用的方法。

（2）实验部分

拟采用的方法路线、反应原理及计算公式。

仪器、药品。

实验步骤。

Ⅱ. 酱油中 NaCl 含量的测定实验报告（小论文）的书写提纲

酱油中 NaCl 含量的测定

姓名　　　班级

摘要：指出本文采用的方法、手段、所做的工作及其结果。

关键词：酱油　氯化钠　含量测定

1. 前言

酱油的主要成分及其营养，酱油中 NaCl 的含量与其质量的关系，测定酱油中 NaCl 含量的意义。测定酱油中 NaCl 含量的一般方法（至少讨论三种方法），分析不同分析方法的优缺点及可行性，指出本文采用的方法、所作的工作及其结果。

2. 实验部分

2.1 仪器、药品

2.2 测定原理

2.3 实验步骤

3. 结果与讨论

4. 结论

5. 参考文献

8.3　$Na_2S_2O_3 \cdot 5H_2O$ 的制备及其质量分数的测定

一、实验目的

1. 学习 $Na_2S_2O_3 \cdot 5H_2O$ 的制备原理和方法，巩固无机制备的基本操作。

2. 学习用碘量法测定 $Na_2S_2O_3 \cdot 5H_2O$ 质量分数的原理和方法，巩固滴定分析的基本操作。

3. 使学生初步了解文献资料的查阅、分析、综合整理及撰写科技论文的基本要求和方法，并且训练学生的语言文字表达能力。

二、实验要求（同实验 8.1）

三、实验指导

Ⅰ. $Na_2S_2O_3 \cdot 5H_2O$ 的制备及其质量分数的测定预习报告（拟实验方案）提纲

$Na_2S_2O_3 \cdot 5H_2O$ 的制备及其质量分数的测定预习报告

姓名　　　　班级

1. 查阅资料：（1）查阅参考书；（2）利用网络资源。

2. 写出预实验报告（包括以下内容）

（1）前言（包括以下内容）

$Na_2S_2O_3 \cdot 5H_2O$ 的性质、用途、目前制备路线及其质量分数测定方法。要求从不同的原料出发，至少讨论三种制备路线；质量分数的测定至少讨论三种方法。

分析不同制备及分析组成方法的优缺点及可行性，设计出拟采用的实验方法。

（2）实验部分

拟采用的方法路线、反应原理及计算公式。

仪器、药品。

实验步骤。

Ⅱ. 实验报告（小论文）的书写提纲

$Na_2S_2O_3 \cdot 5H_2O$ 的制备及其质量分数的测定

姓名　　　　班级

摘要：指出本文采用的方法、手段、所作的工作及其结果。

关键词：硫代硫酸钠　制备　质量分数

1. 前言

$Na_2S_2O_3 \cdot 5H_2O$ 的性质、用途、制备及其质量分数测定方法原理（方程式和计算公式）。从不同的原料出发，至少讨论三种制备路线；质量分数的测定至少讨论三种方法。讨论不同制备及分析组成方法的优缺点及可行性，指出本文采用的实验方法、所做的工作及其结果。

2. 实验部分

2.1 $Na_2S_2O_3 \cdot 5H_2O$ 的制备

2.1.1 仪器、药品

2.1.2 制备原理

2.1.3 实验步骤

2.2 $Na_2S_2O_3 \cdot 5H_2O$ 质量分数测定

2.2.1 仪器、药品

2.2.2 测定原理（包括公式）

2.2.3 实验步骤

3. 结果与讨论

3.1 $Na_2S_2O_3 \cdot 5H_2O$ 的制备

3.2 $Na_2S_2O_3 \cdot 5H_2O$ 质量分数测定

4. 结论

5. 参考文献

8.4　实验室（碘量法）含铬废液的处理与检测

一、实验目的

1. 学习含铬废液处理方法及排放标准，碘量法处理含铬废液。

2. 学习微量含铬液中铬的检测方法，检测处理后的含铬废液的含铬量，使其 pH 和含铬量符合国家废液排放标准。

3. 使学生初步了解文献资料的查阅、分析、综合整理及撰写科技论文的基本要求和方法，并且训练学生的语言文字表达能力。

4. 对学生进行环保教育，增强环保意识。

二、实验要求（同实验 8.1）

三、实验指导

Ⅰ. 实验室（碘量法）含铬废液的处理与检测预习报告（拟实验方案）提纲

实验室（碘量法）含铬废液的处理与检测预习报告

姓名　　　　班级

1. 查阅资料：（1） 查阅参考书；（2） 利用网络资源。

2. 写出预实验报告（包括以下内容）

（1）前言（包括以下内容）

含铬废液的危害，国家允许排放的标准。实验室（碘量法）含铬废液处理的意义。一般含 Cr（Ⅲ）废液的处理方法（至少讨论两种方法）。分析不同处理方法的特点及可行性，设计处理测定碘量法的含铬废液的实验方法。

综述微量铬液的测定方法（至少讨论两种方法），分析不同处理方法的特点及可行性，设计检测处理后的含微量铬废液的检测方法。

（2）实验部分

拟采用的方法路线、反应原理及计算公式。

仪器、药品。

实验步骤。

Ⅱ. 实验报告（小论文）的书写提纲

实验室（碘量法）含铬废液的处理与检测

姓名　　　　班级

摘要：指出本文采用的方法、手段、所做的工作及其结果。

关键词：铬废液　铬量测定　Cr（Ⅲ）

1. 前言

含铬废液的危害，国家允许排放的标准。碘量法含铬废液处理的意义。一般含 Cr（Ⅲ）废液的处理方法（至少讨论两种方法）。分析不同处理方法的特点及可行性，指出采用的处理碘量法含铬废液的实验方法。微量铬液的测定方法（至少讨论两种方法），分析不同处理方法的特点及可行性，设计检测处理后的含微量铬废液的检测方法。说明本论文所作的工作及其结果。

2. 实验部分

2.1 实验室（碘量法）铬废液的处理

2.1.1 仪器、药品

2.1.2 处理原理

2.1.3 实验步骤

2.2 处理后的铬废液铬残留量的检测

2.2.1 仪器、药品

2.2.2 检测原理（包括公式）

2.2.3 实验步骤

3. 结果与讨论

3.1 实验室（碘量法）含铬废液的处理

3.2 处理后的含铬废液铬残留量的检测

4. 结论

5. 参考文献

8.5　碘量法废液中碘的回收

一、实验目的

1. 学习含碘废液中碘的回收原理和方法，从碘量法废液中回收碘。

2. 使学生初步了解文献资料的查阅、分析、综合整理及撰写科技论文的基本要求和方法，并且训练学生的语言文字表达能力。

3. 对学生进行环保教育，增强环保意识。

二、实验要求（同实验 8.1）

三、实验指导

Ⅰ. 碘量法废液中碘的回收预习报告（拟实验方案）提纲

碘量法废液中碘的回收预习报告

姓名　　　　班级

1. 查阅资料：（1）查阅参考书；（2）利用网络资源。

2. 写出预实验报告（包括以下内容）

（1）前言（包括以下内容）

碘量法废液中碘的存在及其含量，回收的意义。从含 I^- 废液中回收碘的一般方法（至少讨论两种方法）。分析不同处理方法的特点及可行性，设计从含碘废液中回收碘的实验方法。

（2）实验部分

拟采用的方法路线、反应原理及计算公式。

仪器、药品。

实验步骤。

Ⅱ. 实验报告（小论文）的书写提纲

碘量法废液中碘的回收

姓名　　　　班级

摘要：指出本文采用的方法、手段、所做的工作及其结果。

关键词：含碘废液　回收　碘　氧化　升华

1. 前言

碘量法废液中碘的存在及其含量、回收的意义。从含碘废液中回收碘的一般方法（至少讨论两种方法）。分析不同处理方法的特点及可行性，设计从含I^-废液中回收碘的实验方法。说明本论文所做工作及其结果。

2. 实验部分

2.1 仪器、药品

2.2 从含碘废液中回收碘的原理、方法

2.3 实验步骤

3. 结果与讨论

4. 结论

5. 参考文献

8.6 从废电池回收锌皮制备硫酸锌

一、实验目的

1. 了解废锌锰电池的组成及回收技术的分类，学习锌锰电池回收锌的方法原理，从废电池回收锌皮制备硫酸锌。

2. 使学生初步了解文献资料的查阅、分析、综合整理及撰写科技论文的基本要求和方法，并且训练学生的语言文字表达能力。

3. 对学生进行环保教育，增强环保意识。

4. 培养学生分析问题、解决实际问题的能力。

二、实验要求（同实验 8.1）

三、实验指导

Ⅰ. 从废电池回收锌皮制备硫酸锌预习报告（拟实验方案）提纲

从废电池回收锌皮制备硫酸锌预习报告

姓名　　　　班级

1. 查阅资料：（1）查阅参考书；（2）利用网络资源。

2. 写出预实验报告（包括以下内容）

（1）前言（包括以下内容）

废锌锰电池的分类、主要成分；我国目前废电池产生及回收利用现状；回收利用废电池的意义；从锌锰废电池中回收锌的方法（至少讨论三种方法）。分析不同回收方法的特点及可行性（从无害化程度、资源利用程度、工艺要求以及二次污染等方面分析比较），设计出从锌锰废电池中回收锌的实验方法。

硫酸锌的制备方法（至少讨论两种方法），指出本实验的方法。

（2）实验部分

拟采用的方法路线、反应原理及计算公式。

仪器、药品。

实验步骤。

Ⅱ. 实验报告（小论文）的书写提纲

从废电池回收锌皮制备硫酸锌

姓名　　　班级

摘要：指出本文采用的方法、手段、所做的工作及其结果。

关键词：废电池　回收　硫酸锌　制备

1. 前言

废锌锰电池的分类、主要成分；我国目前废电池产生及回收利用现状；回收利用废电池的意义；从锌锰废电池中回收锌的方法（至少讨论三种方法）。分析不同回收方法的特点及可行性（从无害化程度、资源利用程度、工艺要求以及二次污染等方面分析比较），指出从锌锰废电池中回收锌的实验方法。硫酸锌的制备方法（至少讨论两种方法），指出本实验的方法。说明本论文所做的工作及其结果。

2. 实验部分

2.1 仪器、药品

2.2 从锌锰废电池中回收锌的方法原理

2.3 实验步骤

3. 结果与讨论

4. 结论

5. 参考文献

8.7　聚合氯化铝钙的合成、性能参数的测定及应用

一、实验目的

1. 了解水处理剂的组成、分类及其合成方法。

2. 学习聚合氯化铝钙的合成原理及方法，学习聚合氯化铝钙中氧化铝、氧化钙及盐基度的测定原理及方法，学习测定水中 COD 的方法及原理。

3. 制备聚合氯化铝钙，测定其中氧化铝、氧化钙及盐基度，并应用于处理污水，测定污水的 COD，巩固无机制备和滴定分析基本操作。

4. 使学生初步了解文献资料的查阅、分析、综合整理及撰写科技论文的基本要求和方法，并且训练学生的语言文字表达能力。

5. 对学生进行环保教育，增强环保意识。

6. 培养学生分析问题、解决实际问题的能力。

二、实验要求（同实验 8.1）

三、实验指导

Ⅰ. 聚合氯化铝钙的合成、性能参数的测定及应用预习报告（拟实验方案）提纲

聚合氯化铝钙的合成、性能参数的测定及应用预习报告

姓名　　　　班级

1. 查阅资料：（1）查阅参考书；（2）利用网络资源。

2. 写出预实验报告（包括以下内容）

（1）前言（包括以下内容）

常见水处理剂的组成、分类、合成方法，污水处理的意义，我国目前水处理剂的生产及应用现状；聚合氯化铝钙的制备方法；测定其中氧化铝、氧化钙及盐基度的方法（至少讨论三种方法）。水中 COD 测定方法。分析不同方法的特点及可行性，设计出聚合氯化铝钙的合成、性能参数的测定方法。

（2）实验部分

拟采用的方法路线、反应原理及计算公式。

仪器、药品。

实验步骤。

Ⅱ. 实验报告（小论文）的书写提纲

聚合氯化铝钙的合成、性能参数的测定及应用

姓名　　　　班级

摘要：指出本文采用的方法、手段、所做的工作及其结果。

关键词：污水　水处理剂　聚合氯化铝钙　COD　盐基度

1. 前言

常见水处理剂的组成、分类、合成方法（至少讨论三种方法），污水处理的意义；我国目前水处理剂的产生及应用现状；聚合氯化铝钙的制备方法。其中氧化铝、氧化钙及盐基度的测定方法。水中 COD 测定方法。分析不同方法的特点及可行性，设计出聚合氯化铝钙的合成、性能参数的测定方法。说明本论文所做的工作及其结果。

2. 实验部分

2.1 聚合氯化铝钙的合成

2.1.1 仪器、药品

2.1.2 所采用的聚合氯化铝钙的合成方法原理

2.1.3 实验步骤

2.2 聚合氯化铝钙的性能参数的测定

2.2.1 仪器、药品

2.2.2 所采用的测定聚合氯化铝钙的性能参数的方法及原理

2.2.3 实验步骤

2.3 聚合氯化铝钙的应用

2.3.1 聚合氯化铝钙处理污水的原理

2.3.2 水中 COD 测定原理

2.3 .3 实验步骤

3. 结果与讨论

4. 结论

5. 参考文献

第 9 章　有机化合物常见官能团的鉴定方法

9.1　双键的鉴定

1. 高锰酸钾溶液

向试管中加入 2 滴待测物环己烯，逐滴加入 2% $KMnO_4$ 水溶液，摇动，观察 $KMnO_4$ 的紫色变化情况。

2. 溴溶液

于 2 mL CH_2Cl_2 中溶解 0.2 mL（0.1g）待测物，摇动下加入 5% Br_2-CH_2Cl_2 溶液，观察溴的橙红色是否褪色。

9.2　卤代烃的鉴定

1. 硝酸银—乙醇溶液

将少量样品加入 2 mL 2% $AgNO_3$ 溶液中，若室温放置 5 min 无反应则加热到沸腾，注意是否有沉淀生成，比较不同样品生成沉淀的时间。

2. 碘化钠—丙酮溶液

向 1 mL NaI—丙酮溶液中加入 2 滴（0.1 g）待测物（含 Cl 或 Br）。摇动试管，室温下放置 3 min 观察是否有沉淀及溶液是否变为红棕色。否则于 50℃水浴加热，6 min 后冷却至室温观察。

NaI—丙酮溶液：于 100 mL 丙酮中溶解 15g NaI，开始无色之后形成淡柠檬黄色溶液。

9.3　醇的鉴定

1. 金属钠实验

向 0.25 mL（0.25 g）待测样品中加入新切的 Na 薄片，直到 Na 不再溶解，观察是否有 H_2 产生。冷却后加入等体积的乙醚，如有固体盐析出，进一步证明有活性氢存在。

2. 硝酸铈铵实验

对于水溶性化合物：向 1 mL 硝酸铈铵试剂中加入 0.2 mL（0.2 g）待测样品，充分混合并观察是否溶液由黄色变为红色。

对于水不溶性化合物：向 1 mL 硝酸铈铵试剂中加入 2 mL 二噁烷，若溶液为黄色或浅橘黄色则加入 0.2 mL（0.2 g）待测样品，观察（同上）。

硝酸铈铵试剂：室温下向 40 mL 蒸馏水中加入 1.3 mL 浓硝酸，然后溶解 10.96 g 硝酸铈铵，并稀释至 50 mL。

注意：①主要用于检测不超过 10 碳的醇。

②对于酚，会生成棕色溶液或者沉淀

3. 琼斯（Jones）试剂

在盛有 1 mL 丙酮的试管中加入 1 滴（10 mg）待测物质，混合均匀。再加入 1 滴 Jones 试剂观察溶液在 2 s 内的变化。伯醇、仲醇会产生蓝绿色的不透明悬浮物，叔醇没有反应。

Jones 试剂：将 25 g CrO_3 加入 25 mL 浓硫酸，搅拌下缓慢加入 75 mL 水中，冷却到室温。

4. 卢卡斯（Lucas）试剂

向试管中加入 0.2 mL（0.2 g）待测样品，加入 2 mL Lucas 试剂并振荡，静置。记录乳状液（不溶性液层）出现的时间。

Lucas 试剂：将 13.6 g $ZnCl_2$ 溶于 10.5 g 浓盐酸，冷却。

注意：反应活性烯丙醇、叔醇＞仲醇＞伯醇。

9.4　酚的鉴定

1. 高锰酸钾实验

向 2 mL 水或乙醇中加入 0.2 mL（0.1 g）待测物，逐滴加入 2% $KMnO_4$ 水溶液，摇动至 $KMnO_4$ 的紫色不再退去。若其颜色在 0.5～1 min 内不变，则间歇性剧烈摇动试管之后放置 5 min。若紫色消失、试管底部出现褐色悬浮物 MnO_2 则显示阳性。

2. 三氯化铁实验

在干燥试管中加入 2 mL 氯仿，再加入 4～5 滴（30～50 mg）待测样品，搅拌。若不溶或只部分溶解，再加入 2～3 mL 氯仿并且加热，冷却后依次加入 2 滴 1% $FeCl_3$ 氯仿溶液和 3 滴吡啶，摇动，注意立即生成的颜色。若出现蓝色、紫色、紫罗兰色、绿色、红棕色则结果为阳性。

$FeCl_3$ 氯仿溶液：在 100 mL 氯仿中加入 1 g 无水 $FeCl_3$ 晶体，间歇性摇动 1 h，静置沉降不溶物，倒出淡黄色清液。

9.5　醚的鉴定

氧原子可以接受强酸提供的质子生成锌盐正离子，并溶于强酸中，锌盐是不稳定的强酸弱碱盐，将其置于冰水中便可分解释放出醚。低级醚与浓硫酸混合热较大。在实验室中，常用浓硫酸除去烃中含有的少量醚杂质。

9.6 羰基化合物的鉴定

1. 2,4—二硝基苯肼

向 2 mL 95%乙醇中加入 1～2 滴（50 mg）待测样品，溶解后将溶液加入 3 mL 2,4—二硝基苯肼试剂。剧烈震荡，如果没有沉淀生成，再静置 15 min。

2,4—二硝基苯肼试剂：将 3 g 2,4—二硝基苯肼溶于 15 mL 浓硫酸，搅拌下倒入 20 mL 水和 70 mL 65%乙醇中，混合过滤。

2. 吐伦实验

在洁净的试管里加入 1 mL2%的硝酸银溶液，然后加入 10%氢氧化钠水溶液 2 滴，振荡试管，可以看到棕色沉淀。再逐滴滴入 2%的稀氨水，直到最初产生的沉淀恰好溶解为止，这时得到的溶液叫银氨溶液。最后滴入样品，振荡后把试管放在热水中温热，观察现象。

注意：银氨溶液只能临时配制，不能久置。如果久置会析出氮化银、亚氨基化银等爆炸性沉淀物。这些沉淀物即使用玻璃棒摩擦也会分解而发生猛烈爆炸。所以，实验完毕应立即将试管内的废液倾去，用稀硝酸溶解管壁上的银镜，然后用水将试管冲洗干净。

3. 碘仿反应

取 2 滴样品溶于 1 mL 水中，加入 1 mL 10% NaOH 溶液，然后慢慢滴加约 1 mL 碘—碘化钾溶液，观察现象。

9.7 羧酸及其衍生物、取代羧酸的鉴定

1. 碳酸氢钠实验

将少量待测物溶于 1 mL CH_3OH 中，再缓慢加入 1mL $NaHCO_3$ 饱和溶液中。若有 CO_2 放出则说明原试样有羧酸存在。

2. 异羟肟酸实验

将少量待测样品与 1 mL 0.5 $mol \cdot L^{-1}$ 盐酸羟胺的 95%乙醇溶液以及 0.2 mL 6 $mol \cdot L^{-1}$ 的 NaOH 溶液混合，加热煮沸。溶液自然冷却后再加入 2 mL 1 $mol \cdot L^{-1}$ 盐酸。如果溶液呈现浑浊（异羟肟酸），加入 2mL 95%乙醇，再加入 1 滴 5% $FeCl_3$ 溶液。如果溶液呈现酒红色或者紫红色，结果呈阳性。

注意：如果加入 $FeCl_3$ 之后溶液出现颜色但很快消失，继续滴加直到颜色不断变化。

3. 硝酸银—乙醇溶液

将少量酰卤样品加入 2 mL 2% $AgNO_3$ 溶液中，若室温放置 5 min 无反应则加热到沸腾，注意是否有沉淀生成。加入 2 滴 5%硝酸观察溶解性。（有机酸银盐可溶于硝酸）

9.8　胺的鉴定

1. 亚硝酸实验

将 1.5 mL 浓盐酸用 2.5 mL 水稀释，溶解 0.5 mL（0.5 g）样品，冰浴冷至 0℃。将 0.5 g $NaNO_2$ 溶于 2.5 mL 水，摇动下滴加，同时用淀粉—I_2 试纸测试溶液直到试纸变蓝，停止滴加。另取试管移入 2 mL 反应液，加热检验是否有气体放出。

滴加时若有气泡/泡沫快速产生证明有脂肪族伯胺；升温时放出气体则为芳香族伯胺。如果没有气体放出，出现的是淡黄色油状物或者低熔点固体（N—亚硝胺），则样品为仲胺。如果滴加 $NaNO_2$ 时试纸立刻变蓝，则为脂肪族叔胺。如果出现深橙色溶液或者析出橙色结晶，则为芳香族叔胺。

2. $NiCl_2$ 实验

向 5 mL 水中加入 1～2 滴（50 mg）待测样品。在另一试管中依次加入 1 mL $NiCl_2$-CS_2 试剂、0.5～1 mL 浓氨水、0.5～1 mL 待测溶液。出现明显沉淀证明仲胺存在。

$NiCl_2$-CS_2 试剂：在 100 mL 水中加入 0.5 g $NiCl_2 \cdot 6H_2O$，然后加入 CS_2，量以摇动混合物时瓶底有油珠附着为准。

注：本实验为对仲胺的特征实验。

$$R_2NH \xrightarrow{CS_2NH_3H_2O} R_2N-C(=S)-S^-NH_4^+ \xrightarrow{NiCl_2} (R_2N-C(=S)-S)_2Ni$$

9.9　碳水化合物的鉴定

1. 斐林（Fehling）试剂

样品的水溶液加 Fehling 试剂，于沸水浴加热数分钟，若有还原性糖类成分存在，则产生砖红色氧化亚铜沉淀。若有非还原性低聚糖及多糖存在，则必须加稀酸水解后，才能与 Fehling 试剂反应。

注意：在鉴定还原糖时该试剂必须现用现配。将 34.6 g $CuSO_4 \cdot 5H_2O$ 溶于 200 mL 水中，用 0.5 mL 浓硫酸酸化，再用水稀释到 500 mL 待用；取 173g 酒石酸钾钠 $KNaC_4H_4O_6 \cdot 4H_2O$，50g NaOH 固体溶于 400 mL 水中，再稀释到 500 mL，用精制石棉过滤；使用时取等体积两溶液混合。

2. 莫利许（Molisch）反应

样品的水溶液加 a-萘酚试剂数滴，摇匀后沿管壁滴加浓硫酸，若有糖类成分与甙类存在，则在二液面交界处出现紫红色环。

3. 成脎反应

样品的水溶液与盐酸苯肼液共热，只要有糖类成分存在，即生成黄色的糖脎结晶。根据结晶的形状而鉴定出糖的种类。

4. 层析法

取样品的水溶液（多糖类需水解），以某种糖为对照品一起进行层析检测。常用纸层析法，正丁醇—乙酸—水（4:1:5 上层）作展开剂，新配制的氨化硝酸银溶液为显色剂，结果还原糖形成黑色斑点。

9.10 氨基酸、蛋白质的鉴定

1. 盐析实验

取一支试管，加入蛋白质溶液 20 滴，再加入 20 滴饱和硫酸铵溶液，振荡后析出蛋白质沉淀，溶液变混浊。取混浊液 10 滴于另一试管中，加入蒸馏水 2 mL，振荡后观察现象。

2. 茚三酮实验

取 2 支试管，分别加 4 滴蛋白质溶液和 4 滴 0.5%甘氨酸溶液，再分别加入 3 滴 0.1%茚三酮溶液，混合后，放在沸水浴中加热 1～5 min，观察并比较两管的显色时间及颜色情况。

3. 米隆（Millon）试剂

取 4 支试管，分别加入 20 滴蛋白质溶液，10 滴 0.5%苯酚溶液，10 滴 0.5%酪氨酸溶液和 10 滴 0.5%苯丙氨酸溶液，再分别加入 5～10 滴米隆试剂，振摇，观察现象。再将试管置于沸水浴中加热（不要煮沸，加热勿过久，否则颜色消退），再观察现象。

4. 黄蛋白实验

取一支试管，加入 5 滴蛋白质溶液及 2 滴浓硝酸，出现白色沉淀或浑浊，然后加热煮沸，观察现象，反应液冷却后再滴入 10%氢氧化钠溶液至反应液呈碱性，观察颜色变化。

5. 醇对蛋白质的作用

取 10 滴蛋白质溶液于试管中，加入 10 滴 95%乙醇，振荡，静置数分钟 ，溶液混浊，取混浊液 10 滴滴于另一试管中，再加入蒸馏水 1 mL，振摇，观察现象，与盐析结果比较。

6. 二缩脲实验

取 2 支试管，分别加入 10 滴蛋白质溶液、0.5%甘氨酸溶液，再各加入 l0 滴 10%氢氧化钠溶液，混合后，再分别加入 1～2 滴 1%硫酸酮溶液（勿过量）振荡后，观察现象，比较结果。

7. 蛋白质与生物碱试剂作用

取 2 支试管，各加入 l0 滴蛋白质溶液和 2 滴醋酸，一管加入饱和苦味酸 2 滴，另一管加入 5%单宁酸 2 滴，观察有无沉淀生成。

8. 蛋白质与重金属盐作用

取 2 支试管，各加入蛋白质溶液 10 滴，再在其中一支试管中加入 5%碱式醋酸铅溶液 1 滴，另一支试管中加入 5%硫酸酮溶液 1 滴，立即产生沉淀（切勿加过量试剂，否则，沉淀又复溶解）。再用水稀释，观察沉淀是否溶解，与盐析结果作比较。

附　录

附录 1　常用的基准物质

滴定方法	标准溶液	基准物质	优缺点
酸碱滴定	HCl	Na_2CO_3	便宜，易得纯品；易吸湿
		$Na_2B_4O_7\cdot10H_2O$	易得纯品，不易吸湿，摩尔质量大；湿度小时会先结晶水
	NaOH	$C_6H_4\cdot COOH\cdot COOK$	易得纯品，不吸湿，摩尔质量大
		$H_2C_2O_4\cdot2H_2O$	便宜，结晶水不稳定；纯度不理想
络合滴定	EDTA	金属 Zn 或 ZnO	纯度高，稳定，既可在 pH=5～6 又可在 pH=9～10 应用
氧化还原滴定	$KMnO_4$	$Na_2C_2O_4$	易得纯品，稳定，无显著吸湿
	$K_2Cr_2O_7$	$K_2Cr_2O_7$	易得纯品，非常稳定，可直接配制标准溶液
	$Na_2S_2O_3$	$K_2Cr_2O_7$	易得纯品，非常稳定，可直接配制标准溶液
	I_2	升华碘	纯度高；易挥发，水中溶解度很小
		As_2O_3	能得纯品，产品不吸湿；剧毒
	$KBrO_3$	$KBrO_3$	易得纯品，稳定
	$KBrO_3$+过量 KBr	$KBrO_3$	—
沉淀滴定	$AgNO_3$	$AgNO_3$	易得纯品；防止光照及有机物玷污
		NaCl	易得纯品；易吸湿

注：标定实验用的基准物质必须符合以下 4 个要求：　应非常纯净，纯度至少在 99.9%以上；其组成应与其化学式完全相符。　要稳定，不易被空气所氧化，也不易吸收空气中的水分和 CO_2 等；在进行干燥时组成不变；尽量避免使用带结晶水的物质。　被标定的物质之间的反应应该有确定的化学计量关系，反应速度要快。　最好能采用具有较大摩尔质量的物质，这样可以减小称量误差。

附录 2　pH 标准缓冲溶液

名称	配制	pH 值								
		0℃	5℃	10℃	15℃	20℃	25℃	30℃	35℃	40℃
草酸盐标准缓冲溶液	$c[KH_3(C_2O_4)_2 \cdot 2H_2O]$＝0.05 $mol \cdot L^{-1}$：称取 12.71 g 四草酸钾$[KH_3(C_2O_4)_2 \cdot 2H_2O]$溶于无二氧化碳的水中，稀释至 1 000 mL	1.67	1.67	1.67	1.67	1.68	1.68	1.69	1.69	1.69
		pH 值								
		45℃	50℃	55℃	60℃	70℃	80℃	90℃	95℃	-
		1.70	1.71	1.72	1.72	1.74	1.77	1.79	1.81	-
酒石酸盐标准缓冲溶液	在 25℃时，用无二氧化碳的水溶解外消旋的酒石酸氢钾（$KHC_4H_4O_6$），并剧烈振摇至成饱和溶液	pH 值								
		0℃	5℃	10℃	15℃	20℃	25℃	30℃	35℃	40℃
		-	-	-	-	-	3.56	3.55	3.55	3.55
		pH 值								
		45℃	50℃	55℃	60℃	70℃	80℃	90℃	95℃	-
		3.55	3.55	3.55	3.56	3.58	3.61	3.65	3.67	-
苯二甲酸氢盐标准缓冲溶液	$c(C_6H_4CO_2HCO_2K)$＝0.05 $mol \cdot L^{-1}$：称取于（115.0±5.0）℃干燥 2～3 h 的邻苯二甲酸氢钾（$KHC_8H_4O_4$）10.21 g，溶于无二氧化碳的蒸馏水，并稀释至 1 000 mL（注：可用于酸度计校准）	pH 值								
		0℃	5℃	10℃	15℃	20℃	25℃	30℃	35℃	40℃
		4.00	4.00	4.00	4.00	4.00	4.01	4.01	4.02	4.04
		pH 值								
		45℃	50℃	55℃	60℃	70℃	80℃	90℃	95℃	-
		4.05	4.06	4.08	4.09	4.13	4.16	4.21	4.23	-
磷酸盐标准缓冲溶液	分别称取在（115.0± 5.0）℃干燥 2～3 h 的磷酸氢二钠（Na_2HPO_4）（3.53 ± 0.01）g 和磷酸二氢钾（KH_2PO_4）（3.39±0.01）g，溶于预先煮沸 15～30 min 并迅速冷却的蒸馏水中，稀释至 1 000 mL（注：可用于酸度计校准）	pH 值								
		0℃	5℃	10℃	15℃	20℃	25℃	30℃	35℃	40℃
		6.98	6.95	6.92	6.90	6.88	6.86	6.85	6.84	6.84
		pH 值								
		45℃	50℃	55℃	60℃	70℃	80℃	90℃	95℃	-
		6.83	6.83	6.83	6.84	6.85	6.86	6.88	6.89	-
硼酸盐标准缓冲溶液	称取硼砂（$Na_2B_4O_7 \cdot 10H_2O$）（3.80± 0.01）g（注意：不能烘！），溶于预先煮沸 15～30 min 并迅速冷却的蒸馏水中，并稀释至 1 000 mL。置聚乙烯塑料瓶中密闭保存。存放时要防止空气中二氧化碳的进入（注：可用于酸度计校准）	pH 值								
		0℃	5℃	10℃	15℃	20℃	25℃	30℃	35℃	40℃
		9.46	9.40	9.33	9.27	9.22	9.18	9.14	9.10	9.06
		pH 值								
		45℃	50℃	55℃	60℃	70℃	80℃	90℃	95℃	-
		9.04	9.01	8.99	8.96	8.92	8.89	8.85	8.83	-
氢氧化钙标准缓冲溶液	在 25℃，用无二氧化碳的蒸馏水制备氢氧化钙的饱和溶液。氢氧化钙溶液的浓度 $c[1/2Ca(OH)_2]$＝0.040 0～0.041 2 $mol \cdot L^{-1}$。氢氧化钙溶液的浓度可以酚红为指示剂，用盐酸标准溶液[$c(HCl)$=0.1 $mol \cdot L^{-1}$]滴定测出。存放时要防止空气中二氧化碳的进入。出现混浊应弃去重新配制	pH 值								
		0℃	5℃	10℃	15℃	20℃	25℃	30℃	35℃	40℃
		13.42	13.21	13.00	12.81	12.63	12.45	12.30	12.14	11.98
		pH 值								
		45℃	50℃	55℃	60℃	70℃	80℃	90℃	95℃	-
		11.84	11.71	11.57	11.45	-	-	-	-	-

注：为保证 pH 值的准确度，表中标准缓冲溶液必须使用 pH 基准试剂配制。

附录3 常用pH缓冲溶液的配制及其pH值

序号	溶液名称	配制方法	pH值
1	氯化钾—盐酸	13.0 mL 0.2 mol·L^{-1} HCl 与25.0 mL 0.2 mol·L^{-1} KCl混合均匀后，加水稀释至100 mL	1.7
2	氨基乙酸—盐酸	在500 mL水中溶解氨基乙酸150 g，加480 mL浓盐酸，再加水稀释至1 L	2.3
3	一氯乙酸—氢氧化钠	在200 mL 水中溶解2 g 一氯乙酸后，加40 g NaOH，溶解完全后再加水稀释至1 L	2.8
4	邻苯二甲酸氢钾—盐酸	把 25.0 mL 0.2 mol·L^{-1}的邻苯二甲酸氢钾溶液与 6.0 mL 0.1 mol·L^{-1} HCl混合均匀，加水稀释至100 mL	3.6
5	邻苯二甲酸氢钾—氢氧化钠	把 25.0 mL 0.2 mol·L^{-1}的邻苯二甲酸氢钾溶液与 17.5 mL 0.1 mol·L^{-1} NaOH混合均匀，加水稀释至100 mL	4.8
6	六亚甲基四胺—盐酸	在200 mL水中溶解六亚甲基四胺40 g，加浓HCl 10 mL，再加水稀释至1 L	5.4
7	磷酸二氢钾—氢氧化钠	把 25.0 mL 0.2 mol·L^{-1}的磷酸二氢钾与 23.6 mL 0.1 mol·L^{-1} NaOH混合均匀，加水稀释至100 mL	6.8
8	硼酸—氯化钾—氢氧化钠	把25.0 mL 0.2 mol·L^{-1}的硼酸—氯化钾与4.0 mL 0.1 mol·L^{-1} NaOH 混合均匀，加水稀释至100 mL	8.0
9	氯化铵—氨水	把0.1 mol·L^{-1} 氯化铵与0.1 mol·L^{-1} 氨水以2:1比例混合均匀	9.1
10	硼酸—氯化钾—氢氧化钠	把25.0 mL 0.2 mol·L^{-1} 的硼酸—氯化钾与43.9 mL 0.1 mol·L^{-1} NaOH混合均匀，加水稀释至100 mL	10.0
11	氨基乙酸—氯化钠—氢氧化钠	把49.0 mL 0.1 mol·L^{-1}氨基乙酸—氯化钠与51.0 mL 0.1 mol·L^{-1} NaOH混合均匀	11.6
12	磷酸氢二钠—氢氧化钠	把 50.0 mL 0.05 mol·L^{-1} Na_2HPO_4与26.9 mL 0.1 mol•L^{-1} NaOH混合均匀，加水稀释至100 mL	12.0
13	氯化钾—氢氧化钠	把 25.0 mL 0.2 mol·L^{-1} KCl与66.0 mL 0.2 mol·L^{-1} NaOH混合均匀，加水稀释至100 mL	13.0

附录4　常用的酸碱指示剂

序号	名称	pH 变色范围	酸色	碱色	pK_a	浓度
1	甲基紫（第一次变色）	0.13～0.5	黄	绿	0.80	0.1%水溶液
2	甲酚红（第一次变色）	0.2～1.8	红	黄	-	0.04%乙醇（50%）溶液
3	甲基紫（第二次变色）	1.0～1.5	绿	蓝	-	0.1%水溶液
4	百里酚蓝（第一次变色）	1.2～2.8	红	黄	1.65	0.1%乙醇（20%）溶液
5	茜素黄 R（第一次变色）	1.9～3.3	红	黄	-	0.1%水溶液
6	甲基紫（第三次变色）	2.0～3.0	蓝	紫	-	0.1%水溶液
7	甲基黄	2.9～4.0	红	黄	3.30	0.1%乙醇（90%）溶液
8	溴酚蓝	3.0～4.6	黄	蓝	3.85	0.1%乙醇（20%）溶液
9	甲基橙	3.1～4.4	红	黄	3.40	0.1%水溶液
10	溴甲酚绿	3.8～5.4	黄	蓝	4.68	0.1%乙醇（20%）溶液
11	甲基红	4.4～6.2	红	黄	4.95	0.1%乙醇（60%）溶液
12	溴百里酚蓝	6.0～7.6	黄	蓝	7.10	0.1%乙醇（20%）
13	中性红	6.8～8.0	红	黄	7.40	0.1%乙醇（60%）溶液
14	酚红	6.8～8.0	黄	红	7.90	0.1%乙醇（20%）溶液
15	甲酚红（第二次变色）	7.2～8.8	黄	红	8.20	0.04%乙醇（50%）溶液
16	百里酚蓝（第二次变色）	8.0～9.6	黄	蓝	8.90	0.1%乙醇（20%）溶液
17	酚酞	8.2～10.0	无色	紫红	9.40	0.1%乙醇（60%）溶液
18	百里酚酞	9.4～10.6	无色	蓝	10.00	0.1%乙醇（90%）溶液
19	茜素黄 R（第二次变色）	10.1～12.1	黄	紫	11.16	0.1%水溶液
20	靛胭脂红	11.6～14.0	蓝	黄	12.20	25%乙醇（50%）溶液

附录5 常用的混合酸碱指示剂

序号	指示剂名称	浓度	组成	变色点	酸色	碱色
1	甲基黄	0.1%乙醇溶液	1:1	3.3	蓝紫	绿
	亚甲基蓝	0.1%乙醇溶液				
2	甲基橙	0.1%水溶液	1:1	4.3	紫	绿
	苯胺蓝	0.1%水溶液				
3	溴甲酚绿	0.1%乙醇溶液	3:1	5.1	酒红	绿
	甲基红	0.2%乙醇溶液				
4	溴甲酚绿钠盐	0.1%水溶液	1:1	6.1	黄绿	蓝紫
	氯酚红钠盐	0.1%水溶液				
5	中性红	0.1%乙醇溶液	1:1	7.0	蓝紫	绿
	亚甲基蓝	0.1%乙醇溶液				
6	中性红	0.1%乙醇溶液	1:1	7.2	玫瑰	绿
	溴百里酚蓝	0.1%乙醇溶液				
7	甲酚红钠盐	0.1%水溶液	1:3	8.3	黄	紫
	百里酚蓝钠盐	0.1%水溶液				
8	酚酞	0.1%乙醇溶液	1:2	8.9	绿	紫
	甲基绿	0.1%乙醇溶液				
9	酚酞	0.1%乙醇溶液	1:1	9.9	无色	紫
	百里酚酞	0.1%乙醇溶液				
10	百里酚酞	0.1%乙醇溶液	2:1	10.2	黄	绿
	茜素黄	0.1%乙醇溶液				

注：混合酸碱指示剂要保存在深色瓶中。

附录6 常用的氧化还原指示剂

序号	名称	氧化型颜色	还原型颜色	E_{ind}/V	浓度
1	二苯胺	紫	无色	+0.76	1%浓硫酸溶液
2	二苯胺磺酸钠	紫红	无色	+0.84	0.2%水溶液
3	亚甲基蓝	蓝	无色	+0.53	0.1%水溶液
4	中性红	红	无色	+0.24	0.1%乙醇溶液
5	喹啉黄	无色	黄	-	0.1%水溶液
6	淀　粉	蓝	无色	+0.53	0.1%水溶液
7	孔雀绿	棕	蓝	-	0.05%水溶液
8	劳氏紫	紫	无色	+0.06	0.1%水溶液
9	邻二氮菲—亚铁	浅蓝	红	+1.06	（1.485 g 邻二氮菲+0.695 g 硫酸亚铁）溶于 100 mL 水
10	酸性绿	橘红	黄绿	+0.96	0.1%水溶液
11	专利蓝Ⅴ	红	黄	+0.95	0.1%水溶液

附录 7 常用的络合指示剂

名称	In 本色	MIn 颜色	浓度	适用 pH 范围	被滴定离子	干扰离子
铬黑 T	蓝	葡萄红	与固体 NaCl 混合物（1:100）	6.0～11.0	Ca^{2+}、Cd^{2+}、Hg^{2+}、Mg^{2+}、Mn^{2+}、Pb^{2+}、Zn^{2+}	Al^{3+}、Co^{2+}、Cu^{2+}、Fe^{3+}、Ga^{3+}、In^{3+}、Ni^{2+}、Ti（Ⅳ）
二甲酚橙	柠檬黄	红	0.5% 乙醇溶液	5.0～6.0	Cd^{2+}、Hg^{2+}、La^{3+}、Pb^{2+}、Zn^{2+}	-
				2.5	Bi^{3+}、Th^{4+}	
茜素	红	黄	-	2.8	Th^{4+}	-
钙试剂	亮蓝	深红	与固体 NaCl 混合物（1:100）	>12.0	Ca^{2+}	-
酸性铬紫 B	橙	红	-	4.0	Fe^{3+}	-
甲基百里酚蓝	灰	蓝	1%与固体 KNO_3 混合物	10.5	Ba^{2+}、Ca^{2+}、Mg^{2+}、Mn^{2+}、Sr^{2+}	Bi^{3+}、Cd^{2+}、Co^{2+}、Hg^{2+}、Pb^{2+}、Sc^{3+}、Th^{4+}、Zn^{2+}
溴酚红	红	橙黄	-	2.0～3.0	Bi^{3+}	-
	蓝紫	红		7.0～8.0	Cd^{2+}、Co^{2+}、Mg^{2+}、Mn^{2+}、Ni^{3+}	-
	蓝	红		4.0	Pb^{2+}	-
	浅蓝	红		4.0～6.0	Re^{3+}	-
铝试剂	酒红	黄	-	8.5～10.0	Ca^{2+}、Mg^{2+}	-
	红	蓝紫		4.4	Al^{3+}	-
	紫	淡黄		1.0～2.0	Fe^{3+}	-
偶氮胂III	蓝	红	-	10.0	Ca^{2+}、Mg^{2+}	-

附录8　常用的吸附指示剂

序号	名称	被滴定离子	滴定剂	起点颜色	终点颜色	浓度
1	荧光黄	Cl^-、Br^-、SCN^-	Ag^+	黄绿	玫瑰	0.1% 乙醇溶液
		I^-			橙	
2	二氯（P）荧光黄	Cl^-、Br^-	Ag^+	红紫	蓝紫	0.1% 乙醇（60%～70%）溶液
		SCN^-		玫瑰	红紫	
		I^-		黄绿	橙	
3	曙红	Br^-、I^-、SCN^-	Ag^+	橙	深红	0.5%水溶液
		Pb^{2+}	MoO_4^{2-}	红紫	橙	
4	溴酚蓝	Cl^-、Br^-、SCN^-	Ag^+	黄	蓝	0.1%钠盐水溶液
		I^-		黄绿	蓝绿	
		TeO_3^{2-}		紫红	蓝	
5	溴甲酚绿	Cl^-	Ag^+	紫	浅蓝绿	0.1% 乙醇溶液（酸性）
6	二甲酚橙	Cl^-	Ag^+	玫瑰	灰蓝	0.2%水溶液
		Br^-、I^-			灰绿	
7	罗丹明 6G	Cl^-、Br^-	Ag^+	红紫	橙	0.1%水溶液
		Ag^+	Br^-	橙	红紫	
8	品　红	Cl^-	Ag^+	红紫	玫瑰	0.1% 乙醇溶液
		Br^-、I^-		橙		
		SCN^-		浅蓝		
9	刚果红	Cl^-、Br^-、I^-	Ag^+	红	蓝	0.1%水溶液
10	茜素红 S	SO_4^{2-}	Ba^{2+}	黄	玫瑰红	0.4%水溶液
		$[Fe(CN)_6]^{4-}$	Pb^{2+}			
11	偶氮氯膦III	SO_4^{2-}	Ba^{2+}	红	蓝绿	-
12	甲基红	F^-	Ce^{3+}	黄	玫瑰红	-
			$Y(NO_3)_3$			
13	二苯胺	Zn^{2+}	$[Fe(CN)_6]^{4-}$	蓝	黄绿	1%的硫酸（96%）溶液
14	邻二甲氧基联苯胺	Zn^{2+}、Pb^{2+}	$[Fe(CN)_6]^{4-}$	紫	无色	1%的硫酸溶液
15	酸性玫瑰红	Ag^+	MoO_4^{2-}	无色	紫红	0.1%水溶液

附录9 常用的荧光指示剂

序号	名称	pH变色范围	酸色	碱色	浓度
1	曙红	0～3.0	无荧光	绿	1%水溶液
2	水杨酸	2.5～4.0	无荧光	暗蓝	0.5%水杨酸钠水溶液
3	2—萘胺	2.8～4.4	无荧光	紫	1%乙醇溶液
4	1—萘胺	3.4～4.8	无荧光	蓝	1%乙醇溶液
5	奎宁	3.0～5.0	蓝	浅紫	0.1%乙醇溶液
		9.5～10.0	浅紫	无荧光	
6	2—羟基—3—萘甲酸	3.0～6.8	蓝	绿	0.1%其钠盐水溶液
7	喹啉	6.2～7.2	蓝	无荧光	饱和水溶液
8	2—萘酚	8.5～9.5	无荧光	蓝	0.1%乙醇溶液
9	香豆素	9.5～10.5	无荧光	浅绿	-

附录 10　常用的掩蔽剂

序号	名称	掩蔽剂
1	Ag^+	CN^-、Cl^-、Br^-、I^-、SCN^-、$S_2O_3^{2-}$、NH_3
2	Al^{3+}	EDTA、F^-、OH^-、柠檬酸、酒石酸、草酸、乙酰丙酮、丙二酸
3	As^{3+}	S^{2-}、二巯基丙醇、二巯基丙磺酸钠
4	Au^+	Cl^-、Br^-、I^-、CN^-、SCN^-、$S_2O_3^{2-}$、NH_3
5	Ba^{2+}	F^-、SO_4^{2-}、EDTA
6	Be^{2+}	F^-、EDTA、乙酰丙酮
7	Bi^{3+}	F^-、Cl^-、I^-、SCN^-、$S_2O_3^{2-}$、二巯基丙醇、柠檬酸
8	Ca^{2+}	F^-、EDTA、草酸盐
9	Cd^{2+}	I^-、CN^-、SCN^-、$S_2O_3^{2-}$、二巯基丙醇、二巯基丙磺酸钠
10	Ce^{3+}	F^-、EDTA、PO_4^{3-}
11	Co^{2+}	CN^-、SCN^-、$S_2O_3^{2-}$、二巯基丙醇、酒石酸
12	Cr^{3+}	EDTA、H_2O_2、$P_2O_7^{4-}$、三乙醇胺
13	Cu^{2+}	I^-、CN^-、SCN^-、$S_2O_3^{2-}$、二巯基丙醇、二巯基丙磺酸钠、半胱氨酸、氨基乙酸
14	Fe^{3+}	F^-、CN^-、$P_2O_7^{4-}$、三乙醇胺、乙酰丙酮、柠檬酸、酒石酸、草酸、盐酸羟胺
15	Ga^{3+}	Cl^-、EDTA、柠檬酸、酒石酸、草酸
16	Ge^{4+}	F^-、酒石酸、草酸
17	Hg^{2+}	I^-、CN^-、SCN^-、$S_2O_3^{2-}$、二巯基丙醇、二巯基丙磺酸钠、半胱氨酸
18	In^{3+}	F^-、Cl^-、SCN^-、EDTA、巯基乙酸
19	La^{3+}	F^-、EDTA、苹果酸
20	Mg^{2+}	F^-、OH^-、乙酰丙酮、柠檬酸、酒石酸、草酸
21	Mn^{3+}	CN^-、F^-、二巯基丙醇
22	Mo（Ⅴ、Ⅵ）	柠檬酸、酒石酸、草酸
23	Nd^{3+}	EDTA、苹果酸
24	NH_4^+	HCHO
25	Ni^{2+}	F^-、CN^-、SCN^-、二巯基丙醇、氨基乙酸、柠檬酸、酒石酸
26	Np^{4+}	F^-
27	Pb^{2+}	Cl^-、I^-、SO_4^{2-}、$S_2O_3^{2-}$、OH^-、二巯基丙醇、巯基乙酸、二巯基丙磺酸钠
28	Pd^{2+}	CN^-、SCN^-、I^-、$S_2O_3^{2-}$、乙酰丙酮
29	Pt^{2+}	CN^-、SCN^-、I^-、$S_2O_3^{2-}$、乙酰丙酮、三乙醇胺
30	Sb^{3+}	F^-、Cl^-、I^-、$S_2O_3^{2-}$、OH^-、柠檬酸、酒石酸、二巯基丙醇、二巯基丙磺酸钠
31	Sc^{3+}	F^-
32	Sn^{2+}	F^-、柠檬酸、酒石酸、草酸、三乙醇胺、二巯基丙醇、二巯基丙磺酸钠
33	Th^{4+}	F^-、SO_4^{2-}、柠檬酸
34	Ti^{3+}	F^-、PO_4^{3-}、三乙醇胺、柠檬酸、苹果酸
35	Tl（Ⅰ、Ⅲ）	CN^-、半胱氨酸

续表

序号	名称	掩蔽剂
36	U^{4+}	PO_4^{3-}、柠檬酸、乙酰丙酮
37	V（II、III）	CN^-、EDTA、三乙醇胺、草酸、乙酰丙酮
38	W（VI）	EDTA、PO_4^{3-}、柠檬酸
39	Y^{3+}	F^-、环己二胺四乙酸
40	Zn^{2+}	CN^-、SCN^-、EDTA、二巯基丙醇、二巯基丙磺酸钠、巯基乙酸
41	Zr^{4+}	CO_3^{2-}、F^-、PO_4^{3-}、柠檬酸、酒石酸、草酸
42	Br^-	Ag^+、Hg^{2+}
43	BrO_3^-	SO_3^{2-}、$S_2O_3^{2-}$
44	$Cr_2O_7^{2-}$、CrO_4^{2-}	SO_3^{2-}、$S_2O_3^{2-}$、盐酸羟胺
45	Cl^-	Hg^{2+}、Sb^{3+}
46	ClO^-	NH_3
47	ClO_3^-	$S_2O_3^{2-}$
48	ClO_4^-	SO_3^{2-}、盐酸羟胺
49	CN^-	Hg^{2+}、HCHO
50	EDTA	Cu^{2+}
51	F^-	H_3BO_3、Al^{3+}、Fe^{3+}
52	H_2O_2	Fe^{3+}
53	I^-	Hg^{2+}、Ag^+
54	I_2	$S_2O_3^{2-}$
55	IO_3^-	SO_3^{2-}、$S_2O_3^{2-}$、N_2H_4
56	MnO_4^-	SO_3^{2-}、$S_2O_3^{2-}$、N_2H_4、盐酸羟胺
57	NO_2^-	Co^{2+}、对氨基苯磺酸
58	$C_2O_4^{2-}$	Ca^{2+}、MnO_4^-
59	PO_4^{3-}	Al^{3+}、Fe^{3+}
60	S^{2-}	$MnO_4^-+H^+$
61	SO_3^{2-}	$MnO_4^-+H^+$、Hg^{2+}、HCHO
62	SO_4^{2-}	Ba^{2+}
63	WO_4^{2-}	柠檬酸盐、酒石酸盐
64	VO_3^-	酒石酸盐

附录 11　物质颜色和吸收光颜色的对应关系

序号	物质颜色	吸收光颜色	波长范围（λ/nm）
1	黄绿色	紫色	400～450
2	黄色	蓝色	450～480
3	橙色	绿蓝色	480～490
4	红色	蓝绿色	490～500
5	紫红色	绿色	500～560
6	紫色	黄绿色	560～580
7	蓝色	黄色	580～600
8	绿蓝色	橙色	600～650
9	蓝绿色	红色	650～750

附录 12　水在不同压力下的沸点

压力		沸点/℃	压力		沸点/℃
p/atm	*p*/(×10³Pa)		*p*/atm	*p*/(×10³Pa)	
1	101.325	100.0	15	1 519.875	197.4
2	202.650	119.6	16	1 621.100	200.4
3	303.975	132.9	17	1 722.525	203.4
4	405.300	142.9	18	1 823.850	206.1
5	506.625	151.1	19	1 925.175	208.8
6	607.950	158.1	20	2 026.500	211.4
7	709.275	164.2	21	2 127.825	213.9
8	810.600	169.6	22	2 229.150	216.2
9	911.925	174.5	23	2 330.475	218.5
10	1 013.250	179.0	24	2 431.800	220.8
11	1 114.575	183.2	25	2 533.125	222.9
12	1 215.900	187.1	26	2 634.450	225.0
13	1 317.225	190.7	27	2 735.775	227.0
14	1 418.550	194.1	-	-	-

附录 13　常用干燥剂的适用条件

序号	名称	适用物质	不适用物质	备注
1	BaO、CaO	中性和碱性气体，胺类，醇类，醚类	醛类，酮类，酸性物质	特别适用于干燥气体，与水作用生成 $Ba(OH)_2$、$Ca(OH)_2$
2	$CaSO_4$	普遍适用	-	常先用 Na_2SO_4 作预干燥剂
3	NaOH、KOH	氨，胺类，醚类，烃类（干燥器），肼类，碱类	醛类，酮类，酸性物质	容易潮解，因此一般用于预干燥
4	K_2CO_3	胺类，醇类，丙酮，一般的生物碱类，酯类，腈类，肼类，卤素衍生物	酸类，酚类及其他酸性物质	容易潮解
5	$CaCl_2$	烷烃类，链烯烃类，醚类，酯类，卤代烃类，腈类，丙酮，醛类，硝基化合物类，中性气体，氯化氢，二氧化碳	醇类，氨，胺类，酸类，酸性物质，某些醛，酮类与酯类	一种价格便宜的干燥剂，可与许多含氮、含氧的化合物生成溶剂化物、络合物或发生反应；一般含有 CaO 等碱性杂质
6	P_2O_5	大多数中性和酸性气体，乙炔，二硫化碳，烃类，各种卤代烃，酸溶液，酸与酸酐，腈类	碱性物质，醇类，酮类，醚类，易发生聚合的物质，氯化氢，氟化氢，氨气	使用其干燥气体时必须与载体或填料（石棉绒、玻璃棉、浮石等）混合；一般先用其他干燥剂预干燥；本品易潮解，与水作用生成偏磷酸、磷酸等
7	浓 H_2SO_4	大多数中性与酸性气体（干燥器、洗气瓶），各种饱和烃，卤代烃，芳烃	不饱和的有机化合物，醇类，酮类，酚类，碱性物质，硫化氢，碘化氢，氨气	不适宜升温干燥和真空干燥
8	金属 Na	醚类，饱和烃类，叔胺类，芳烃类	氯代烃类（会发生爆炸危险），醇类，伯、仲胺类及其他易和金属钠起作用的物质	一般先用其他干燥剂预干燥；与水作用生成 NaOH 与 H_2
9	$Mg(ClO_4)_2$	含有氨的气体（干燥器）	易氧化的有机物质	大多用于分析目的，适用于各种分析工作，能溶于多种溶剂中；处理不当会发生爆炸危险
10	Na_2SO_4、$MgSO_4$	普遍适用，特别适用于酯类、酮类及一些敏感物质溶液	-	一种价格便宜的干燥剂；Na_2SO_4 常作预干燥剂

续表

序号	名称	适用物质	不适用物质	备注
11	硅胶	置于干燥器中使用	氟化氢	加热干燥后可重复使用
12	分子筛	温度 100℃以下的大多数流动气体；有机溶剂（干燥器）	不饱和烃	一般先用其他干燥剂预干燥；特别适用于低分压的干燥
13	CaH_2	烃类，醚类，酯类，4 个碳及 4 个碳以上的醇类	醛类，含有活泼羰基的化合物	作用比 $LiAlH_4$ 漫，但效率相近，且较安全，是最好的脱水剂之一，与水作用生成 $Ca(OH)_2$、H_2
14	$LiAlH_4$	烃类，芳基卤化物，醚类	含有酸性 H，卤素，羰基及硝基等的化合物	使用时要小心。过剩的可以慢慢加乙酸乙酯将其破坏；与水作用生成 LiOH、$Al(OH)_3$ 与 H_2

附录 14 常用的气体干燥剂

序号	气体名称	干燥剂
1	H_2	P_2O_5、$CaCl_2$、H_2SO_4（浓）、Na_2SO_4、$MgSO_4$、$CaSO_4$、CaO、BaO、分子筛
2	O_2	P_2O_5、$CaCl_2$、Na_2SO_4、$MgSO_4$、$CaSO_4$、CaO、BaO、分子筛
3	N_2	P_2O_5、$CaCl_2$、H_2SO_4（浓）、Na_2SO_4、$MgSO_4$、$CaSO_4$、CaO、BaO、分子筛
4	O_3	P_2O_5、$CaCl_2$
5	Cl_2	$CaCl_2$、H_2SO_4（浓）
6	CO	P_2O_5、$CaCl_2$、H_2SO_4（浓）、Na_2SO_4、$MgSO_4$、$CaSO_4$、CaO、BaO、分子筛
7	CO_2	P_2O_5、$CaCl_2$、H_2SO_4（浓）、Na_2SO_4、$MgSO_4$、$CaSO_4$、 分子筛
8	SO_2	P_2O_5、$CaCl_2$、Na_2SO_4、$MgSO_4$、$CaSO_4$、分子筛
9	CH_4	P_2O_5、$CaCl_2$、H_2SO_4（浓）、Na_2SO_4、$MgSO_4$、$CaSO_4$、CaO、BaO、NaOH、KOH、Na、CaH_2、$LiAlH_4$、分子筛
10	NH_3	$Mg(ClO_4)_2$、NaOH、KOH、CaO、BaO、$Mg(ClO_4)_2$、Na_2SO_4、$MgSO_4$、$CaSO_4$、分子筛
11	HCl	$CaCl_2$、H_2SO_4（浓）
12	HBr	$CaBr_2$
13	HI	CaI_2
14	H_2S	$CaCl_2$
15	C_2H_4	P_2O_5
16	C_2H_2	P_2O_5、NaOH

附录 15 常用的液体干燥剂

序号	液体名称	干燥剂
1	饱和烃类	P_2O_5、$CaCl_2$、H_2SO_4（浓）、NaOH、KOH、Na、Na_2SO_4、$MgSO_4$、$CaSO_4$、CaH_2、$LiAlH_4$、分子筛
2	不饱和烃类	P_2O_5、$CaCl_2$、NaOH、KOH、Na_2SO_4、$MgSO_4$、$CaSO_4$、CaH_2、$LiAlH_4$
3	卤代烃类	P_2O_5、$CaCl_2$、H_2SO_4（浓）、Na_2SO_4、$MgSO_4$、$CaSO_4$
4	醇类	BaO、CaO、K_2CO_3、Na_2SO_4、$MgSO_4$、$CaSO_4$、硅胶
5	酚类	Na_2SO_4、硅胶
6	醛类	$CaCl_2$、Na_2SO_4、$MgSO_4$、$CaSO_4$、硅胶
7	酮类	K_2CO_3、Na_2SO_4、$MgSO_4$、$CaSO_4$、硅胶
8	醚类	BaO、CaO、NaOH、KOH、Na、$CaCl_2$、CaH_2、$LiAlH_4$、Na_2SO_4、$MgSO_4$、$CaSO_4$、硅胶
9	酸类	P_2O_5、Na_2SO_4、$MgSO_4$、$CaSO_4$、硅胶
10	酯类	K_2CO_3、$CaCl_2$、Na_2SO_4、$MgSO_4$、$CaSO_4$、CaH_2、硅胶
11	胺类	BaO、CaO、NaOH、KOH、K_2CO_3、Na_2SO_4、$MgSO_4$、$CaSO_4$、硅胶
12	肼类	NaOH、KOH、Na_2SO_4、$MgSO_4$、$CaSO_4$、硅胶
13	腈类	P_2O_5、K_2CO_3、$CaCl_2$、Na_2SO_4、$MgSO_4$、$CaSO_4$、硅胶
14	硝基化合物	$CaCl_2$、Na_2SO_4、$MgSO_4$、$CaSO_4$、硅胶
15	二硫化碳	P_2O_5、$CaCl_2$、Na_2SO_4、$MgSO_4$、$CaSO_4$、硅胶
16	碱类	NaOH、KOH、BaO、CaO、Na_2SO_4、$MgSO_4$、$CaSO_4$、硅胶

附录 16　常用干燥剂的再生方式

序号	名称	分子式	吸水能力	干燥速度	酸碱性	再生方式
1	硫酸钙	$CaSO_4$	小	快	中性	在 163℃下脱水再生
2	氧化钡	BaO	-	慢	碱性	不能再生
3	五氧化二磷	P_2O_5	大	快	酸性	不能再生
4	氯化钙（熔融过的）	$CaCl_2$	大	快	含碱性杂质	200℃下烘干再生
5	高氯酸镁	$Mg(ClO_4)_2$	大	快	中性	烘干再生（251℃分解）
6	三水合高氯酸镁	$Mg(ClO_4)_2 \cdot 3H_2O$	-	快	中性	烘干再生（251℃分解）
7	氢氧化钾（熔融过的）	KOH	大	较快	碱性	不能再生
8	活性氧化铝	Al_2O_3	大	快	中性	在 110～300℃下烘干再生
9	浓硫酸	H_2SO_4	大	快	酸性	蒸发浓缩再生
10	硅胶	SiO_2	大	快	酸性	120℃下烘干再生
11	氢氧化钠（熔融过的）	NaOH	大	较快	碱性	不能再生
12	氧化钙	CaO	-	慢	碱性	不能再生
13	硫酸铜	$CuSO_4$	大	-	微酸性	150℃下烘干再生
14	硫酸镁	$MgSO_4$	大	较快	中性、有的微酸性	200℃下烘干再生
15	硫酸钠	Na_2SO_4	大	慢	中性	烘干再生
16	碳酸钾	K_2CO_3	中	较慢	碱性	100℃下烘干再生
17	金属钠	Na	-		-	不能再生
18	分子筛	结晶的铝硅酸盐	大	较快	酸性	烘干，温度随型号而异

注：使用高氯酸盐时务必小心，碳、硫、磷及一切有机物都不能与之接触，否则会发生猛烈爆炸。

附录 17 常用的气体吸收剂

序号	气体名称	吸收剂名称	吸收剂浓度
1	CO_2、SO_2、H_2S、PH_3	氢氧化钾（KOH）	颗粒状固体或 30%～35%水溶液
		乙酸镉[$Cd(CH_3COO)_2 \cdot 2H_2O$]	80 g 乙酸镉溶于 100 mL 水中，加入几滴冰乙酸
2	Cl_2 和酸性气体	KOH	80 g 乙酸镉溶于 100 mL 水中，加入几滴冰乙酸
3	Cl_2	碘化钾（KI）	1 $mol \cdot L^{-1}$ KI 溶液
		亚硫酸钠（Na_2SO_3）	1 $mol \cdot L^{-1}$ Na_2SO_3 溶液
4	HCl	KOH	1 $mol \cdot L^{-1}$ Na_2SO_3 溶液
		硝酸银（$AgNO_3$）	1 $mol \cdot L^{-1}$ $AgNO_3$ 溶液
5	H_2SO_4、SO_3	玻璃棉	-
6	HCN	KOH	250 g KOH 溶于 800 mL 水中
7	H_2S	硫酸铜（$CuSO_4$）	1% $CuSO_4$ 溶液
		乙酸镉（$Cd(CH_3COO)_2$）	1% $Cd(CH_3COO)_2$ 溶液
8	NH_3	酸性溶液	0.1 $mol \cdot L^{-1}$ HCl 溶液
9	AsH_3	$Cd(CH_3COO)_2 \cdot 2H_2O$	80 g 乙酸镉溶于 100 mL 水中，加入几滴冰乙酸
10	NO	高锰酸钾（$KMnO_4$）	0.1 $mol \cdot L^{-1}$ $KMnO_4$ 溶液
11	不饱和烃	发烟硫酸（H_2SO_4）	含 20%～25% SO_3 的 H_2SO_4
		溴溶液	5%～10% KBr 溶液用 Br_2 饱和
12	O_2	黄磷（P）	固体
13	N_2	钡、钙、锗、镁等金属	使用 80～100 目的细粉

附录 18　常用的加热浴种类

序号	名称	加热载体	极限温度/℃
1	水　浴	水	98.0
2	油　浴	棉籽油	210.0
		甘油	220.0
		石蜡油	220.0
		58～62 号汽缸油	250.0
		甲基硅油	250.0
		苯基硅油	300.0
3	硫酸浴	硫酸	250.0
4	空气浴	空气	300.0
5	石蜡浴	熔点为（30～60）℃的石蜡	300.0
6	砂　浴	砂	400.0
7	金属浴	铜或铅	500.0
		锡	600.0
		铝青铜（90%Cu、10%Al 合金）	700.0

注：①在使用金属浴时，要预先涂上一层石墨在器皿底部，用以防止熔融金属粘附在器皿上，尤其是在使用玻璃器皿时；要切记在金属凝固前应将其移出金属浴。②初次使用的棉籽油，要保证最高温度不超过 180℃，在多次使用以后温度才可升高到 210℃。

附录 19　常用酸、碱溶液的配制

1. 稀硫酸：一般来说，所用稀硫酸分别为溶质质量分数为 25%和 9.25%两种。可用密度为 1.84 $g\cdot cm^{-3}$，溶质质量分数为 95.6%的浓硫酸配制。注意在配制过程中，必须将浓硫酸沿烧杯壁慢慢倒入水中，并用玻璃棒不断搅拌，切勿将水倒入酸中。

2. 稀盐酸：常用稀盐酸浓度为 21.45%、7.15%、3.38%三种，可用密度为 1.19 $g\cdot cm^{-3}$，溶质质量分数为 38%的浓盐酸加水配。

3. 稀硝酸：用密度为 1.42 $g\cdot cm^{-3}$、溶质质量分数为 69.8%的浓硝酸配成。所需质量分数一般为 32.36%。

4. NaOH 溶液：配制溶质质量分数为 40%的浓 NaOH 溶液可取其固体 572 g，以少量水溶解后，稀释至 1L；配制溶质质量分数为 19.7%的浓 NaOH 溶液，可取其固体 240 g，以少量水溶解后稀释到 1L。

5. $Ba(OH)_2$ 溶液：向烧杯内加入适量 $Ba(OH)_2$ 固体，加水并搅拌，静置一段时间后，过滤，可得 $Ba(OH)_2$ 的饱和溶液（约含 $Ba(OH)_2\cdot 8H_2O$ 63 $g\cdot dm^{-3}$）。

6. $Ca(OH)_2$ 溶液：向烧杯内加入适量熟石灰，加水并不断搅拌。

附录 20　常用有机溶剂的物理常数

溶剂	mp/℃	bp/℃	D_4^{20}	n_D^{20}	ε	R_D	μ
丙酮	−95	56	0.788	1.358 7	20.7	16.2	2.85
乙腈	−44	82	0.782	1.344 1	37.5	11.1	3.45
苯甲醚	−3	154	0.994	1.517 0	4.33	33	1.38
苯	5	80	0.879	1.501 1	2.27	26.2	0.00
溴苯	−31	156	1.495	1.558 0	5.17	33.7	1.55
二硫化碳	−112	46	1.274	1.629 5	2.6	21.3	0.00
四氯化碳	−23	77	1.594	1.460 1	2.24	25.8	0.00
氯苯	−46	132	1.106	1.524 8	5.62	31.2	1.54
氯仿	−64	61	1.489	1.445 8	4.81	21	1.15
环己烷	6	81	0.778	1.426 2	2.02	27.7	0.00
丁醚	−98	142	0.769	1.399 2	3.1	40.8	1.18
1,2—二氯乙烷	−36	84	1.253	1.444 8	10.36	21	1.86
二乙胺	−50	56	0.707	1.386 4	3.6	24.3	0.92
乙醚	−117	35	0.713	1.352 4	4.33	22.1	1.30
N,N—二甲基乙酰胺	−20	166	0.937	1.438 4	37.8	24.2	3.72
N,N—二甲基甲酰胺	−60	152	0.945	1.430 5	36.7	19.9	3.86
二甲基亚砜	19	189	1.096	1.478 3	46.7	20.1	3.90
1,4—二氧六环	12	101	1.034	1.422 4	2.25	21.6	0.45
乙醇	−114	78	0.789	1.361 4	24.5	12.8	1.69
乙酸乙酯	−84	77	0.901	1.372 4	6.02	22.3	1.88
苯甲酸乙酯	−35	213	1.050	1.505 2	6.02	42.5	2.00
甲酰胺	3	211	1.133	1.447 5	111.0	10.6	3.37
异丙醇	−90	82	0.786	1.377 2	17.9	17.5	1.66
甲醇	−98	65	0.791	1.328 4	32.7	8.2	1.70
硝基苯	6	211	1.204	1.556 2	34.82	32.7	4.02
吡啶	−42	115	0.983	1.510 2	12.4	24.1	2.37
四氢呋喃	−109	66	0.888	1.407 2	7.58	19.9	1.75
甲苯	−95	111	0.867	1.496 9	2.38	31.1	0.43
三乙胺	−115	90	0.726	1.401 0	2.42	33.1	0.87
三氟乙酸	−15	72	1.489	1.285 0	8.55	13.7	2.26
邻二甲苯	−25	144	0.880	1.505 4	2.57	35.8	0.62

注：mp—熔点，bp—沸点，D—密度，n_D—折射率，ε—介电常数，R_D—摩尔折射率，μ—偶极矩。

附录21 常用有机溶剂的纯化

1. 甲醇

沸点64.96℃，折光率1.328 8，相对密度0.791 4。

普通未精制的甲醇含有0.02%丙酮和0.1%水。将甲醇用分馏柱分馏，收集64℃的馏分，再用镁去水，可制得纯度达99.9%以上的甲醇。

2. 乙醇

沸点78.5℃，折光率1.361 6，相对密度0.789 3。

制备无水乙醇的方法很多，根据对无水乙醇质量的要求不同而选择不同的方法。

若要求98%～99%的乙醇，可用生石灰脱水。于100 mL 95%乙醇中加入新鲜的块状生石灰20 g，回流3～5 h，然后进行蒸馏。

若要得到99%以上的乙醇，可采用下列方法：

（1）在100 mL99%乙醇中，加入7 g金属钠，待反应完毕，再加入27.5 g邻苯二甲酸二乙酯或25 g草酸二乙酯，回流2～3 h，然后进行蒸馏。

（2）在60 mL 99%乙醇中，加入5 g镁和0.5 g碘，待镁溶解生成醇镁后，再加入900 mL 99%乙醇，回流5 h后，蒸馏，可得到99.9%乙醇。

3. 乙醚

沸点34.51℃，折光率1.352 6，相对密度0.713 8。

普通乙醚常含有2%乙醇和0.5%水。先用无水氯化钙除去大部分水，再经金属钠干燥。其方法是：将100 mL乙醚放在干燥锥形瓶中，加入20～25 g无水氯化钙，瓶口用软木塞塞紧，放置一天以上，并间断摇动，然后蒸馏，收集33～37℃的馏分。用压钠机将1 g金属钠直接压成钠丝放于盛乙醚的瓶中，用带有氯化钙干燥管的软木塞塞住。或在木塞中插一末端拉成毛细管的玻璃管，这样，既可防止潮气浸入，又可使产生的气体逸出。放置至无气泡发生即可使用；放置后，若钠丝表面已变黄变粗时，需再蒸一次，然后再压入钠丝。

4. 丙酮

沸点56.2℃，折光率1.358 8，相对密度0.789 9。

普通丙酮常含有少量的水及甲醇、乙醛等还原性杂质。于250 mL丙酮中加入2.5 g高锰酸钾回流，若高锰酸钾紫色很快消失，再加入少量高锰酸钾继续回流，至紫色不褪为止。然后将丙酮蒸出，用无水碳酸钾或无水硫酸钙干燥，过滤后蒸馏，收集55～56.5℃的馏分。

5. 四氢呋喃

沸点67℃（64.5℃），折光率1.405 0，相对密度0.889 2。

四氢呋喃与水能混溶，并常含有少量水分及过氧化物。用氢化铝锂在隔绝潮气下回流（通常1 000 mL约需2～4 g氢化铝锂）除去其中的水和过氧化物，然后蒸馏，收集66℃的馏分。精制后的液体加入钠丝并应在氮气氛中保存。

6. 石油醚

石油醚为轻质石油产品，是低相对分子质量烷烃类的混合物。其沸程为30～150℃，收集的温度区间一般为 30℃左右。有 30～60℃，60～90℃，90～120℃等沸程规格的石油醚。其中含有少量不饱和烃，沸点与烷烃相近，用蒸馏法无法分离。

石油醚的精制通常将石油醚用其体积的浓硫酸洗涤 2～3 次，再用 10%硫酸加入高锰酸钾配成的饱和溶液洗涤，直至水层中的紫色不再消失为止。然后再用水洗，经无水氯化钙干燥后蒸馏。若需绝对干燥的石油醚，可加入钠丝（与纯化无水乙醚相同）。

7. 吡啶

沸点 115.5℃，折光率 1.509 5，相对密度 0.981 9。

分析纯的吡啶含有少量水分，可供一般实验用。如要制得无水吡啶，可将吡啶与粒氢氧化钾（钠）一同回流，然后隔绝潮气蒸出备用。干燥的吡啶吸水性很强，保存时应将容器口用石蜡封好。

8. 乙酸乙酯

沸点 77.06℃，折光率 1.372 3，相对密度 0.900 3。

乙酸乙酯一般含量为 95%～98%，含有少量水、乙醇和乙酸。于 1000 mL 乙酸乙酯中加入 100 mL 乙酸酐，10 滴浓硫酸，加热回流 4 h，除去乙醇和水等杂质，然后进行蒸馏。馏液用 20～30 g 无水碳酸钾振荡，再蒸馏。产物沸点为 77℃，纯度可达以上 99%。

9. 二甲基亚砜（DMSO）

沸点 189℃，熔点 18.5℃，折光率 1.478 3，相对密度 1.100 0。

二甲基亚砜能与水混合，可用分子筛长期放置加以干燥。然后减压蒸馏，收集 76℃/1 600 Pa（12 mmHg）馏分。蒸馏时，温度不可高于 90℃，否则会发生歧化反应生成二甲砜和二甲硫醚。也可用氧化钙、氢化钙、氧化钡或无水硫酸钡来干燥，然后减压蒸馏。也可用部分结晶的方法纯化。

附录 22　常见的共沸混合物

（1）与水形成的二元共沸物（水沸点 100℃）

溶剂	沸点/℃	共沸点/℃	含水量（%）	溶剂	沸点/℃	共沸点/℃	含水量（%）
氯仿	61.2	56.1	2.5	甲苯	110.5	85.0	20
四氯化碳	77.0	66.0	4.0	正丙醇	97.2	87.7	28.8
苯	80.4	69.2	8.8	异丁醇	108.4	89.9	88.2
丙烯腈	78.0	70.0	13.0	二甲苯	137～140.5	92.0	37.5
二氯乙烷	83.7	72.0	19.5	正丁醇	117.7	92.2	37.5
乙睛	82.0	76.0	16.0	吡啶	115.5	94.0	42
乙醇	78.3	78.1	4.4	异戊醇	131.0	95.1	49.6
乙酸乙酯	77.1	70.4	8.0	正戊醇	138.3	95.4	44.7
异丙醇	82.4	80.4	12.1	氯乙醇	129.0	97.8	59.0
乙醚	35	34	1.0	二硫化碳	46	44	2.0

（2）常见有机溶剂间的共沸混合物

共沸混合物	组分的沸点/℃	共沸物的组成(质量)(%)	共沸物的沸点/℃
乙醇—乙酸乙酯	78.3, 78.0	30:70	72.0
乙醇—苯	78.3, 80.6	32:68	68.2
乙醇—氯仿	78.3, 61.2	7:93	59.4
乙醇—四氯化碳	78.3, 77.0	16:84	64.9
乙酸乙酯—四氯化碳	78.0, 77.0	43:57	75.0
甲醇—四氯化碳	64.7, 77.0	21:79	55.7
甲醇—苯	64.7, 80.4	39:61	48.3
氯仿—丙酮	61.2, 56.4	80:20	64.7
甲苯—乙酸	101.5, 118.5	72:28	105.4
乙醇—苯—水	78.3, 80.6, 100	19:74:7	64.9

附录 23　常见危险无机物的使用知识（易燃易爆有毒致癌）

分子式	名称	火灾危险	处置方法
As_2O_3	三氧化二砷	剧毒，不会燃烧，但一旦发生火灾时，由于本品于193℃开始升华，会产生剧毒气体	水、砂土
CO	一氧化碳	与空气混合能成为爆炸性混合物，遇高温瓶内压力增大，有爆炸危险。漏气遇火种有燃烧爆炸危险	雾状水、泡沫、二氧化碳
Cl_2	液氯	本身虽不燃，但有助燃性，气体外逸时会使人畜中毒，甚至死亡，受热时瓶内压力增大，危险性增加	雾状水
H_2	氢	氢气与空气混合能形成爆炸性混合物，遇火星、高温能引起燃烧爆炸，在室内使用或储存氢气时，氢气上升，不易自然排出，遇到火星时会引起爆炸	雾状水、二氧化碳
HCN	氰化氢（无水）	剧毒。漏气可致附近人畜生命危险，遇火种有燃烧爆炸危险。受热后瓶内压力增大，有爆炸危险	雾状水
$HClO_4$	高氯酸（72%以上）	性质不稳定，在强烈震动、撞击下会引起燃烧爆炸	雾状水、泡沫、二氧化碳
H_2S	硫化氢	剧毒的液化气体，受热后瓶内压力增大，有爆炸危险，漏气可致附近人畜生命危险	雾状水、泡沫、砂土
H_2O_2	过氧化氢溶液（40%以下）	受热或遇有机物易分解放出氧气。加热到100℃则剧烈分解。遇铬酸、高锰酸钾、金属粉末会起剧烈作用，甚至爆炸	雾状水、黄沙、二氧化碳
$HgCl_2$	氯化汞	不会燃烧。剧毒，吸入粉尘和蒸气会中毒。与钾、钠能猛烈反应	水、砂土
$Hg(NO_3)_2$	硝酸汞	受热分解放出有毒的汞蒸气。与有机物、还原剂、易燃物硫、磷等混合，易着火燃烧，摩擦、撞击，有引起燃烧爆炸的危险。有毒	雾状水、砂土
KCN	氰化钾	剧毒，不会燃烧。但遇酸会产生剧毒、易燃的氰化氢气体，与硝酸盐或亚硝酸盐反应强烈，有发生爆炸的危险。接触皮肤极易侵入人体，引起中毒	禁用酸碱灭火剂和二氧化碳。如用水扑救，应防止接触含有氰化钾的水
$KClO_3$	氯酸钾	遇有机物、磷、硫、碳及铵的化合物，氰化物，金属粉末，稍经摩擦、撞击，即会引起燃烧爆炸。与硫酸接触易引起燃烧或爆炸	先用砂土，后用水
$KClO_4$	高氯酸钾	与有机物、还原剂，易燃物如硫、磷等相混合有引起爆炸的危险	雾状水、砂土
$KMnO_4$	高锰酸钾	与乙醚、乙醇、硫酸、硫黄、磷、双氧水等接触会发生爆炸；与甘油混合能发生燃烧；与铵的化合物混合有引起爆炸的危险	水、砂土
KNO_3	硝酸钾	与有机物及硫、磷等混合，有成为爆炸性混合物的危险。浸过硝酸钾的麻袋易自燃	雾状水
K_2O_2	过氧化钾	遇水及水蒸气产生热，量大时可能引起爆炸。与还原剂能产生剧烈反应。接触易燃物如硫、磷等也能引起燃烧爆炸	干砂、干土、干石粉；严禁用水及泡沫

续表

分子式	名称	火灾危险	处置方法
$LiAlH_4$	氢化铝锂	易燃。当碾磨、摩擦或有静电火花时能自燃。遇水或潮湿空气、酸类、高温及明火有引起燃烧危险。与多数氧化剂混合能形成比较敏感的混合物，容易爆炸	干砂、干粉、石粉； 禁止用水和泡沫
NH_3	液氨	猛烈撞击钢瓶受到震动，气体外逸会危及人畜健康与生命，遇水则变为有腐蚀性的氨水，受热后瓶内压力增大，有爆炸危险，空气中氨蒸气浓度达15.7%～27.4%，有引起燃烧危险，有油类存在时，更增加燃烧危险	雾状水、泡沫
NH_4ClO_3	氯酸铵	与有机物，易燃物如硫、磷，还原剂以及硫酸相接触，有燃烧爆炸的危险。遇高温（100℃以上）或猛烈撞击也会引起爆炸	雾状水
NH_4ClO_4	高氯酸铵	与有机物、还原剂、易燃物如硫、磷以及金属粉末等混合及与强酸接触有引起燃烧爆炸的危险	雾状水、砂土
NH_4NO_3	硝酸铵	混入有机杂质时，能明显增加本品的爆炸危险性。与硫、磷、还原剂相混合，有引起燃烧爆炸的危险	雾状水
NO_2	二氧化氮	不会燃烧，但有助燃性，具强氧化性，如接触碳、磷和硫有助燃作用	干砂、二氧化碳、不可用水
$NaBH_4$	硼氢化钠	与氧化剂反应剧烈，有燃烧危险，与水或水蒸气反应能产生氢气。接触酸或酸性气体反应剧烈，放出氢气和热量，有燃烧危险	干砂、干粉；禁止用水和泡沫
$NaClO_3$	氯酸钠	与有机物、还原剂及硫、磷等混合，有成为爆炸性混合物的危险。与硫酸接触会引起爆炸	雾状水
$NaClO_4$	高氯酸钠	与有机物、还原剂、易燃物如硫、磷等混合或与硫酸接触有引起燃烧爆炸的危险	水、砂土
Na_2O_2	过氧化钠	与有机物、易燃物如硫、磷等接解能引起燃烧，甚至爆炸；与水分起剧烈反应产生高温，量大时能发生爆炸	干砂、干土、干石粉；禁止用水、泡沫
O_2	氧	与乙炔、氢、甲烷等按一定比例混合，能使油脂剧烈氧化引起燃烧爆炸，有助燃性	切断气流，根据情况采取相应措施
P_4	红磷	遇热、火种、摩擦、撞击或溴、氯气等氧化剂都有引起燃烧的危险	烟及初起火苗时用黄沙、干粉、石粉；大火时用水，但应注意水的流向，以及赤磷散失后的场地处理，防止复燃
SO_2	二氧化硫	剧毒，受热后瓶内压力增大，有爆炸危险，漏气可致附近人畜生命危险	雾状水、泡沫、砂土

附录 24　常见危险有机物的使用知识（易燃易爆有毒致癌）

分子式	名称	火灾危险	处置方法
B_2H_6	乙硼烷	毒性相当于光气。受热，遇热水迅速分解放出氢气。遇卤素反应剧烈	干砂、石粉、二氧化碳，切忌用水
CH_4	甲烷	与空气混合能形成爆炸性混合物，遇火星，高温有燃烧爆炸危险	雾状水、泡沫、二氧化碳
CH_3Cl	氯甲烷	空气中遇火星或高温（白热）能引起爆炸，并生成光气，接触铝及其合金能生成有自燃性的铝化合物	雾状水、泡沫
$COCl_2$	碳酰氯	剧毒，漏气可致附近人畜生命危险。受热后瓶内压力增大，有爆炸危险	雾状水、二氧化碳。万一有光气泄漏，微量时可用水蒸汽冲散，可用液氨喷雾解毒
CS_2	二硫化碳	遇火星、明火极易燃烧爆炸，遇高温、氧化剂有燃烧危险	水、二氧化碳、黄沙；禁止使用四氯化碳
CCl_3CHO	三氯乙醛（无水）	不燃烧，但受热分解放出有催泪性及腐蚀性的气体	雾状水、泡沫、砂土、二氧化碳
$CH_2{=}CH_2$	乙烯	易燃，遇火星、高温、助燃气有燃烧爆炸危险	水、二氧化碳
$CH_2{=}CHCl$	氯乙烯	能与空气形成爆炸性混合物，遇火星、高温有燃烧爆炸危险	雾状水、泡沫、二氧化碳
C_2H_5Cl	氯乙烷	与空气混合能形成爆炸性混合物，遇火星、高温有燃烧爆炸危险	雾状水、泡沫、二氧化碳
CH_3CHO	乙醛	遇火星、高温、强氧化剂、湿性易燃物品、氨、硫化氢、卤素、磷、强碱等，有燃烧爆炸危险。其蒸气与空气混合成为爆炸性混合物	干砂、干粉、二氧化碳、雾状水、泡沫
$C_2H_5NH_2$	乙胺	易燃，有毒，遇高温、明火、强氧化剂有引起燃烧爆炸危险	泡沫、二氧化碳、雾状水、干粉、砂土
$(CH_2)_2O$	环氧乙烷	与空气混合能形成爆炸性混合物，遇火星有燃烧爆炸危险	水、泡沫、二氧化碳
CH_3OCH_3	甲醚	与空气混合能形成爆炸混合物，遇火星、高温有燃烧爆炸危险	雾状水、泡沫、二氧化碳
$(CH_3O)_2SO_2$	硫酸二甲酯	剧毒，可燃。蒸气无严重气味，不易被察觉，往往在不知不觉中中毒。遇明火、高温能燃烧，与氢氧化铵反应强烈	雾状水、泡沫、二氧化碳、砂土
$CH_3CH_2CH_3$	丙烷	与空气混合能形成爆炸性混合物，遇火星、高温有燃烧爆炸危险	雾状水、二氧化碳
$CH_3CH{=}CH_2$	丙烯	与空气混合能形成爆炸性混合物，遇火星、高温有燃烧爆炸危险	雾状水、泡沫、二氧化碳

续表

分子式	名称	火灾危险	处置方法
$CH_3C≡CH$	丙炔	遇明火易燃易爆，受高温引起爆炸，遇氧化剂反应剧烈	水、二氧化碳
CH_3COCH_3	丙酮	蒸气与空气混合能为爆炸性混合物，遇明火、高温易引起燃烧	抗溶性泡沫、泡沫、二氧化碳、化学干粉、黄砂
$(C_2H_5)_2NH$	二乙胺	易燃、遇高温、明火、强氧化剂有引起燃烧危险	雾状水、泡沫、干粉、二氧化碳
$(C_2H_5)_2O$	乙醚	极易燃烧，遇火星、高温、氧化剂、过氯酸、氯气、氧气、臭氧等有发生燃烧爆炸危险，有麻醉性，对人的麻醉浓度为 109.8～196.95 $g \cdot m^{-3}$。浓度超过 303 $g \cdot m^{-3}$ 时有生命危险	干粉、二氧化碳、砂土、泡沫
$O(CH_2)_3CH_2$	四氢呋喃	蒸气能与空气形成爆炸物。与酸接触能发生反应。遇明火、强氧化剂有引起燃烧危险。与氢氧化钾、氢氧化钠有反应。未加过稳定剂的四氢呋喃暴露在空气中能形成有爆炸性的过氧化物	泡沫、干粉、砂土
$(CH_3)_4Si$	四甲基硅烷	遇热、明火、强氧化剂有引起燃烧的危险	砂土、二氧化碳、泡沫
$(CH_2)_6$	环已烷	易燃，遇明火、氧化剂能引起燃烧、爆炸	泡沫、二氧化碳、干粉、砂土
$(C_2H_5)_3B$	三乙基硼	遇空气、氧气、氧化剂、高温或遇水分解（放出有毒易燃气体），均有引起燃烧危险（比三丁基硼活泼）	二氧化碳、干砂、干粉；禁止用 1211 等含卤化合物的灭火剂
$C_6H_5NO_2$	硝基苯	有毒，遇火种、高温能引起燃烧爆炸，与硝酸反应强烈	雾状水、泡沫、二氧化碳、砂土
$(NO_2)_2C_6H_3NHNH_2$	2,4—二硝基苯肼	干品受震动、撞击会引起爆炸，与氧化剂混合，能成为有爆炸性的混合物	水、泡沫、二氧化碳
C_6H_5OH	苯酚	遇明火、高温、强氧化剂有燃烧危险。有毒和腐蚀性	水、砂土、泡沫
2,4-$(NO_2)_2C_6H_3OH$	2,4—二硝基苯酚	遇火种、高温易引起燃烧，与氧化剂混合同能成为爆炸性混合物。遇重金属粉末能起化学作用而生成盐，增加危险性。有毒	雾状水、黄砂、泡沫、二氧化碳
2,4,6-$(NO_2)_3C_6H_2OH$	2,4,6—三硝基苯酚	与重金属(除锡外)或重金氧化物作用生成盐类，这类苦味酸盐极不稳定，受摩擦、震动，易发生剧烈爆炸。遇明火、高温也有引起爆炸的危险	水
$C_6H_5CH_2Cl$	苄基氯	有毒，遇明火能燃烧，当有金属（如铁）存在时分解，并可能引起爆炸。与水或水蒸气发生作用，能产生有毒和腐蚀性的气体，与氧化剂能发生强烈反应	泡沫、砂土、二氧化碳、干粉

附录 25　化学实验中常见的英文术语

adapter　接液管
air condenser　空气冷凝管
alkalinity　碱性
alkalinization　碱化
analysis　分解
anode　阳极，正极
apparatus　设备

beaker　烧杯
boiling flask　烧瓶
boiling flask-3-neck　三口烧瓶
Bunsen burner　本生灯
burette clamp　滴定管夹
burette stand　滴定架台
burette　滴定管
Busher funnel　布氏漏斗

catalysis　催化作用
catalyst　催化剂
cathode　阴极，负极
Claisen distilling head　减压蒸馏头
combustion　燃烧
condenser-Allihn type　球型冷凝管
condenser-west tube　直型冷凝管
crucible pot, melting pot　坩埚
crucible tongs　坩埚钳
crucible with cover　带盖的坩埚
cupel　烤钵

dissolution　分解
distillation　蒸馏
distilling head　蒸馏头
distilling tube　蒸馏管

electrode　电极
electrolysis　电解
endothermic reaction　吸热反应
Erlenmeyer flask　锥型瓶
evaporating dish (porcelain)　瓷蒸发皿
exothermic reaction　放热反应

fermentation　发酵
filter flask (suction flask)　抽滤瓶
filter　滤管
flask　烧瓶
florence flask　平底烧瓶
fractionating column　分馏柱
fractionation　分馏
fusion, melting　熔解

Geiser burette (stopcock)　酸式滴定管
graduate, graduated flask　量筒，量杯
graduated cylinder　量筒

Hirsch funnel　赫氏漏斗
hydrolysis　水解

litmus paper　石蕊试纸
litmus　石蕊
long-stem funnel　长颈漏斗

matrass　卵形瓶
medicine dropper　滴管
Mohr burette for use with pinchcock　碱氏滴定管
Mohr measuring pipette　量液管
mortar　研钵

oxidization, oxidation	氧化
pestle	研杵
pH indicator	pH 值指示剂，氢离子（浓度的）负指数指示剂
pinch clamp	弹簧节流夹
pipette	吸液管
plastic squeeze bottle	塑料洗瓶
precipitation	沉淀
product	化学反应产物
reagent	试剂
reducer	还原剂
reducing bush	大变小转换接头
retort	曲颈甑
reversible	可逆的
rubber pipette bulb	吸耳球
screw clamp	螺旋夹
separatory funnel	分液漏斗
solution	溶解
stemless funnel	无颈漏斗
still	蒸馏釜
stirring rod	搅拌棒
synthesis	合成
test tube holder	试管夹
test tube	试管
Thiele melting point tube	提勒熔点管
to calcine	煅烧
to dehydrate	脱水
to distil, to distill	蒸馏
to hydrate	水合，水化
to hydrogenate	氢化
to neutralize	中和
to oxidize	氧化
to oxygenate, to oxidize	脱氧，氧化
to precipitate	沉淀
transfer pipette	移液管
tripod	三角架
volumetric flask	容量瓶
watch glass	表皿
wide-mouth bottle	广口瓶

参考文献

1. 刘约权，李贵深主编．实验化学．第二版．北京：高等教育出版社，2005

2. 王兴勇，尹文萱，高宏峰编著．有机化学实验．北京：科学出版社，2004

3. 史长华，唐树戈主编．普通化学实验．北京：科学出版社，2006

4.李华昌，符斌主编．实用化学手册．北京：化学工业出版社，2006

5. 周其镇，方国女，樊行雪．大学基础化学实验（I）．北京：化学工业出版社，2002

6. 张书圣，温永红，丁彩凤等译．有机化合物系统鉴定手册．北京：化学工业出版社，2007

7. 蒋荣立主编．无机及分析化学实验．徐州：中国矿业大学出版社，2006

8. 尹立辉，石军主编．实验化学．天津：南开大学出版社，2011

9. 金谷，江万权，周俊英编著．定量分析化学实验．合肥：中国科技大学出版社，2005

10. 张春荣，吕苏琴，揭念芹．基础化学实验．第二版．北京：科学出版社，2007

11. 朱霞石主编，大学化学实验·基础化学实验一．南京：南京大学出版社，2006

12. 徐莉英．无机及分析化学实验．上海：上海交通大学出版社，2005

13. 辛剑，孟长功主编. 基础化学实验．北京：高等教育出版社，2004

14. 陈虹锦主编．实验化学（上册）．第二版．北京：科学出版社，2007

15. 杭州大学化学系分析化学教研室编．分析化学手册（第二分册）．第二版．北京：化学工业出版社，1997

16. 侯海鸽，朱志彪，范乃英编著．无机及分析化学实验．哈尔滨：哈尔滨工业大学出版社，2005